本书获杭州电子科技大学研究生教材建设项目资助

本书为杭州电子科技大学研究生教育教学改革项目(JXGG2024YB007)阶段性成果

不可不知的心·理学

主　编　张　静

副主编　王亚楠　李　琳

参　编　(按姓氏拼音首字母排序)

褚　倩　刘　露　马晨曦

戚陈炯　沈慧雯　屠晶晶

汪　阳　武　锐　许梦倩

西安电子科技大学出版社

内 容 简 介

本书共八章，分别介绍了学习心理学、恋爱心理学、情绪心理学、社会心理学、测量心理学、健康心理学、成长心理学和幸福心理学。书中包含丰富的电子资源，能够弥补传统教材单一模式的不足，满足学生多样化的需求。

本书是为研究生"心理学与生活"等相关心理学类通识课程编写的学生用书，旨在帮助非心理学专业的学生更好地理解心理学的前沿研究，探索人类思维和行为背后的原因，以及如何运用这些知识来改善自己的生活和与他人的互动。

本书适合作为心理学类通识课的教材，也适合作为对心理学感兴趣的普通读者的科普读物。

图书在版编目（CIP）数据

不可不知的心理学 / 张静主编. -- 西安：西安电子科技大学出版社, 2024. 12. -- ISBN 978-7-5606-7579-4

Ⅰ. B84-49

中国国家版本馆 CIP 数据核字第 2025MT4873 号

策　　划　　陈　婷
责任编辑　　陈　婷
出版发行　　西安电子科技大学出版社（西安市太白南路 2 号）
电　　话　　(029) 88202421　88201467　　邮　　编　710071
网　　址　　www.xduph.com　　　　　　　电子邮箱　xdupfxb001@163.com
经　　销　　新华书店
印刷单位　　陕西精工印务有限公司
版　　次　　2024 年 12 月第 1 版　　2024 年 12 月第 1 次印刷
开　　本　　787 毫米×1092 毫米　1/16　印 张　11
字　　数　　254 千字
定　　价　　32.00 元

ISBN 978-7-5606-7579-4

XDUP 7880001-1

*** 如有印装问题可调换 ***

前 言

感谢您阅读本书。希望本书能够成为您探索心理学世界的引导，让您在个人学业生涯及职业生涯中取得更大的成功和幸福！编写本书的目的是帮助您更好地了解心理学的前沿研究，探索人类思维和行为背后的原因，以及运用这些知识来改善自己的生活和与他人的互动。

在本书中，我们将探讨心理学的各个领域——从认知心理学到社会心理学，从临床心理学到发展心理学。我们将深入研究情感、认知、行为和人际关系等方面的主题，并提供实用的建议，帮助您更好地理解自己和他人。我们还将介绍一些经典的心理学实验和理论，帮助您理解心理学的基本原则，并将它们应用到实际生活中。我们希望本书能够启发您思考，提高您的洞察力，使您更好地应对生活中的挑战。最重要的是，我们希望本书能够让您明白，心理学不仅仅是一门学科，更是一种生活方式。通过了解自己和他人的心理过程，我们可以更加尊重和理解彼此，建立更健康、更富有成效的人际关系，进而更好地学习、工作和生活。

学习可能是学生阶段最重要的事情。第一章学习心理学将为您介绍学习的心理学规律，为您打开科学高效学习的大门。即便您一直是一名学霸，了解有关学习的心理学研究，依然可以为您的学习锦上添花。

第二章恋爱心理学会和您探讨与"爱"相关的研究与现象。学习恋爱心理学不仅可以提高个人在恋爱关系中的幸福感，还可以提供解决问题的工具和策略，增进自我认知，强化沟通技巧，减少情感不安，同时也有助于更好地理解和处理恋爱关系中的挑战。

第三章情绪心理学将会让您了解情绪和情商的科学研究，以便您更好地觉知自己情绪的起因、表达和影响，同时引导您关注和调节自己的情绪，找到适合自己的情绪管理策略，从而提高心理健康水平和生活质量。

第四章会与您一起探索以群体为对象的心理学研究，了解个体在群体中的行为与表现，帮助您更好地理解人们在社会环境中的行为和思维模式，一方面为改善人际关系奠定科学基础，另一方面也为解决社会问题提供理论支持。

第五章将使您了解心理学中的一个重要分支——测量心理学。本章介绍心理测量是如何准确、可靠地度量我们所感兴趣的各项心理指标和各类心理现象的。本章不仅会向您介绍与心理测量相关的重要概念，而且也会提供丰富的量表资源，帮助您更好地了解自己或身边的重要他人。

第六章健康心理学介绍心理健康的标准和常用的评估方法，使您了解压力源的本质并学会如何有效管理压力和科学释放压力，建立健康的心理状态，从而促进身心健康。个体健康与否不仅关系到个人的福祉，同时也会影响社会的和谐。

第七章的成长心理学将帮助您在学习经典个体发展理论、了解一般性的成长规律和心理特点的基础上，更清晰地认识到自己的发展特点和潜能，有助于形成积极的自我认知，提升自信心和自尊心，为更科学地促进自身的成长和发展保驾护航。

第八章的幸福心理学给您带来有关人生幸福的相关研究，通过了解幸福感的影响因素和提升策略，可以帮助您更好地理解和追求幸福。幸福心理学的研究成果也能够促进社会的和谐与稳定。希望您能够通过探索与积累找到属于自己的那份幸福。

本书得以完成要感谢众多投身于心理学及思想政治教育事业的教师们，要感谢热情投入心理咨询工作的专业咨询师们，还要衷心感谢奉献于学生工作一线的教育工作者们。正是他们与学生之间的亲切互动、积极的知识分享和深入的思想交流，为我们提供了丰富的实践经验和素材，才使本书的内容更加生动、更加充实、更加具有实用性！同时，本书的内容借鉴并引用了一些专家和学者的研究成果、相关著作文献，在此对他们深表感谢！正是这些研究者们的不懈努力和深刻见解，为本书提供了坚实的理论基础和宝贵的参考资料。最后尤其要感谢本书参编之一沈慧雯，在书稿最后的统稿、校对阶段，她付出了大量的时间和心血。

感谢正在阅读本书的您，不管您是一名学生、一名教育工作者、一位职场新人还是一个对心理学感兴趣的普通人，都希望这本书能够为您提供有用的见解，同时也欢迎您为本书提出宝贵的意见和建议。

张　静

2024 年 8 月于杭州电子科技大学

目　录

第一章　学习心理学

【案例导读】　学习是挑战天性的必修课

《认知天性：让学习轻而易举的心理学规律》一书中有这样一个故事：马特·布朗是一名飞行员。有一次，在距离地面 11 000 英尺(1 英尺 = 0.3048 米)的夜空中，他独自驾驶着一架双引擎飞机。突然，他发现右侧引擎熄火，并且引擎的油压开始下降。面对这个紧急情况，马特决定降低飞行高度，并继续关注油压表的变化。随着右引擎熄火，飞机开始倾斜，因为失去了一侧的动力。在这个关键时刻，马特的大脑迅速回忆起他所学的丰富知识。他需要计算飞机上当前货物的重量，以判断单个引擎是否足够支持飞行。他考虑了重新启动引擎的可能性，同时也权衡了重新启动可能带来的风险。如果重新启动引擎成功，需要调整飞机的角度吗？而如果重新启动失败，将会出现什么问题？在这惊心动魄的瞬间，马特进行了一系列错综复杂的操作，最终成功地将飞机安全迫降在机场上。他的决策、技能和快速反应能力使他成功地走出了困境，确保了自己和飞机的安全。

举这个例子并不是为了让大家学习当飞机遭遇引擎熄火时我们该怎么办，这一案例的核心理念是：我们必须确保所学的知识与技能在脑海中随时准备就绪，以便在将来面临各种突发情况时能够保持思维的条理性，并迅速把握解决问题的契机。以上述情境为例，当我们正在驾驶飞机的时候，是没有时间去查百度的，甚至连查操作手册的时间都不够，我们所能够做的只有靠大脑当中所拥有的知识快速地运算。所以，仅仅在脑海当中储存一些知识是不够的，还要把知识组合成能够自动调用的心智模型，就是让知识能够自动地组合、自动地使用，然后形成一套体系，这才算我们真正学会了一件事。

关于学习，我们普遍持有以下观点：

首先，若想学以致用，记忆是不可或缺的一环。记忆可以确保我们所掌握的知识能够在日后需要时被我们随时调取。

其次，持续不懈地学习和记忆是终生的事业，不应有丝毫懈怠。那些善于学习的人，往往能够从中获得长远的益处。

最后，学习本身是一项可以通过实践不断提升的技能。在追求学习成效的过程中，我们不应过分依赖直觉，而应寻求更为科学有效的学习策略。

那么我们可以做些什么，才能让自己学得更好、记得更牢，从而在今后能更有效地应用呢？

问题思考

(1) 什么样的学习才是有效的学习？
(2) 学习过程受到哪些因素的影响？
(3) 是否存在最有效的学习策略？
(4) 对学习有重要影响的记忆能力可以通过训练得到提升吗？
(5) 怎样才能成为一名高效的学习者？

你对自己目前的学习有什么期待和规划吗？你在学习过程中是否曾遭遇挑战或挫折？面对学习你有哪些方面的困惑与苦恼呢？在这一章里，我们将和你一起探讨有关学习的机制与理论，向你揭示让学习变得轻而易举的心理学规律，让你了解影响学习过程的心理因素，与你分享有关记忆的前沿研究并提供促进高效学习的建议。真心希望你能够爱上学习，成为一名高效的学习者。

第一节　如何高效学习

有关学习与记忆的实证研究显示，那些被大众广泛推崇的学习方法，其实际效果往往并不尽如人意。即便是在学习领域深耕的大学生和科研人员，他们所采用的学习技巧也常常未能达到预期效果。尽管关于学习方法的探索已有一百多年的历史，但真正有价值的成果直到近年来才开始逐渐积累。这些成果不仅为我们提供了对学习的深入洞察，还构建了一个日益壮大的学习科学领域。正因如此，以往那些基于猜测、传闻和直觉的学习方法正在逐渐被更为高效、受到实证支持的方法所取代。在学习科学的探索中，我们逐渐认识到，单纯依赖直觉并不是最有效的学习方式。那么，如何实现高效学习？特别是对于大学生或是那些以学习为工作的人而言，哪些方法可以帮助他们更有效地学习呢？

一、学习的本质

在行为心理学家看来，学习(learning)是由经验带来的行为上相对持久的变化。在生命的最初阶段，人类就已经做好了学习的准备，可以毫不夸张地说，学习能力是人脑最伟大的才能。学习是我们生存的本能，每个人从一出生就开始学习，从在母亲怀抱中听声音、学说话开始，到练翻身、学习玩耍、探索，再到学习其他内容，成长的每一步都离不开学习。

学习的本质是让学到的知识或技能在脑中保持待命状态，当我们遇到问题时能够做出"条件反射"式的本能操作。而当我们掌握了生活中方方面面的知识后，就会倾向于把做事的步骤集合在一起来解决各种问题。就像是安装在手机里的不同应用软件一样，知识虽然不都会在我们的大脑内存里一直运行，但当我们有需求时，它们能迅速地被调用和运行，以应对不同的需求。这就是心智模型。由于每个人的知识和技能积累不同，所以心智模型也一定不同。例如，物理学教授给初中生讲物理时，会用自己所熟悉的力学知识来解决特定问题，但初中生听起来却觉得非常复杂，甚至听不懂。问题的根本就是两人的心智模型不同。不难理解，对于别人特别好用、效率很高的心智模型未必适合自己。为了提高学习效率，我们需要打造自己专属而有效的心智模型。

打造心智模型涉及三个重要的阶段。

第一个阶段是编码。当我们通过各种方式接触到新知识时，大脑能够将所感知的信息转化为化学信号与生物电脉冲形式的变化，形成一些短期记忆的痕迹(心理表征)，这个过程就是编码。短期记忆对于我们处理日常小事情很有帮助，虽然可能过后就忘了，但也不会占用大脑空间。对于一些非常重要的知识或经验，就需要形成长期记忆才能牢记。

第二个阶段是巩固，也就是把新学的短期记忆变成长期记忆的阶段。这个过程需要数个小时甚至更长时间，而且涉及对新资料的深层次处理。在巩固阶段有个重要的工作，就是在新接触的知识与已经掌握的知识之间建立联系。这样做的根据是，如果要很好地理解新知识就必须具备和记忆相关的旧知识。这一将心理表征深化为持久记忆的行为过程，我们称为巩固。巩固阶段能够识别并稳固记忆的各类线索，进而将它们与过往的经历以及长期记忆中存储的其他知识相互关联。

第三个阶段是检索。检索可以进一步加强新知与旧知之间的联系，从而解决一些实际问题。这样，重要的知识、技能和经验就不容易被遗忘了。检索式学习就是主动回想所学的事实、概念或事件。在把短期记忆巩固成长期记忆的时候必须不断地自我检索，"逼迫"自己把所有学过的东西调用出来并串联起来，形成一个"检索线索"。掌握有效的检索线索并能够在需要的时候检索知识，和学习本身一样重要。

见过雪的孩子大都玩过滚雪球游戏，一个小小的雪球从斜坡上往下滚，很快就会变成一个大雪球，这就是"滚雪球效应"。学习中的滚雪球效应说的就是学习一旦获得了起始的优势，效果就会像雪球一样越滚越大，优势也会越来越明显。在学习的过程中，经过编码、巩固和检索三个阶段，"知识的雪球"会越滚越大。

知识拓展

学会如何学习

教育扩展了人类大脑本就显著的潜能，但是否还有提升的空间？在校园和职场，我们总是不断地尝试优化大脑的学习机制，但这些改进大多源于直觉而非刻意学习。遗憾的是，很少有人系统地总结并阐释大脑记忆与理解、遗忘与失误的规则，尽管这些方面的科学研究已相当多。

幸运的是，过去30年中，计算机科学、神经科学和认知心理学的交叉研究已经阐明了大脑的工作机制，包括其运用的算法、所涉神经回路、调节效能的因素，以及人类高效运用这些资源的独特方式。现代认知科学通过对大脑算法和机制的系统性分析，为苏格拉底的箴言"了解自己"赋予了新的意义。如今，学习的焦点不仅是增强内省，更是理解产生思维的微妙神经元活动，以更好地服务于我们的需求、目标和愿望。

尽管认知神经科学不能解答所有问题，但我们开始认识到，所有人都拥有相似的大脑结构，这是我们智人进化出的脑。它与我们的近亲——其他类人猿的大脑有显著差异。我们承认个体之间存在差异，基因组的变异和大脑早期发育的不稳定性导致我们的学习能力和速度各有不同。然而，我们所有人的大脑基本结构和学习算法架构是共通的。所有学习者都能从集中精力、积极参与、错误反馈以及日常训练和夜间巩固中受益。我们将这些因素称为"学习的四大核心支柱"，它们构成了所有人脑中通用学习算法的基础。

二、后刻意练习

谈到学习，很多人会进入一个误区，以为通过反复阅读和集中训练就能达到预期的效果。但是，并不是所有的努力都会得到良好的效果。为什么有时候我们读得多反而忘得快？为什么我们常常会感到"书到用时方恨少"呢？答案很简单，因为大多数人并没有掌握科学的学习方法。那怎样才算是科学的学习方法呢？多数人认为，一心一意学某样东西学习效果会更好。通常，大家都会推崇专注而刻意练习的力量，即在一段时间里反复练习一个技能，直到真正掌握。但是，认知心理学的大量研究证实，单纯的重复并不会带来更好的效果，因此简单的刻意练习并不能满足人们的需求。"后刻意练习"是一种练习组合，包括了间隔练习、穿插练习和多样化练习。善于运用这种练习组合，可以使我们把学到的东西掌握得更牢固、记忆得更长久。

1. 间隔练习

一项研究的研究者挑选了 38 名住院外科实习医生作为研究对象。这些医生被分为两组，分别接受了四节显微手术小课。一组医生在一天内集中完成了所有课程，而另一组医生则在每节课之间安排了一周的时间间隔。所有课程结束后一个月，研究人员对医生们进行了全面的评估。结果显示，那些每节课之间有一周间隔的医生在各项评估中的表现均显著优于另一组医生。相比之下，一天内完成所有课程的医生不仅整体得分较低，更有高达16%的医生在操作中出现了严重的手术失误。

这是什么原因导致的呢？快速频繁的练习只会产生短期记忆，而持久记忆的形成则需要我们花时间进行心理演练并进行巩固。一旦遗忘再想继续学习之前所学的东西就需要花费更多精力。不过这也正好触发了我们进行学习巩固的过程，我们从中能够发现自己学习中的薄弱之处，从而知道要在哪里投入多一些的精力。

2. 穿插练习

研究者让两组大学生计算四种几何体的体积，分别是楔形体、椭圆体、锥球体和半锥体。一组学生的题目是按照几何体的类型区分的，集中解完一种再解另一种；另外一组学生解的是同样的练习题，只不过题目的类型是混合的，一会是这种形状，一会是另一种形状。结果显示，学生在练习中若专注于统一类型的题目，即采用集中练习的方式，其初始平均正确率可达89%。然而，对于按混合类型解题的学生，即采用穿插练习的方法解题的学生，其初始正确率仅为60%。这说明集中练习确实能在短期内提升成绩。但是，故事到这里还没有结束。经过一周的最终测验显示，原本集中练习的学生平均正确率骤降至20%，而采用穿插练习的学生其平均正确率则升至63%。

这样的结果是不是有点反直觉？背后的原因是：若在练习中穿插两个及以上的主题或技能，从人的直觉来看似乎效果要比集中练习差，而事实上，这种所谓的"差"，能够让学习的知识掌握得更牢固，同时也更有利于我们在不同知识之间建立联系，增强应对复杂环境的能力。

3. 多样化练习

在体育课上，一组 8 岁的孩子参与了沙包投篮的练习。孩子们被分为两组，一组在固定距离 3 英尺处进行投篮，而另一组则交替在 2 英尺和 4 英尺的距离上投篮。经过 12 周的练习后，实验人员对所有孩子进行了一次测验，要求他们将沙包投进距离他们 3 英尺远的篮子里。测试结果令人惊讶，表现最出色的孩子竟然是那些在 2 英尺和 4 英尺不同距离上练习投篮的孩子，尽管他们从未在 3 英尺的距离上进行过专门的练习。

脑科学中的神经成像为多样化研究的效果提供了证据。进行不同种类的练习会使用大脑的不同区域。进行难度更高的练习需要投入更多脑力资源，由这种方式所获得的知识和技能会被大脑转化为更为灵活的程序。这样的程序不仅具备更强的适应性，其应用范围也会更加广泛。多样化练习并不是单纯的分阶段练习，而是变换不同角度的练习。这种练习有助于超越暂时性记忆，建立更开阔的心理模型，步入更高层次的学习。这是一种能力，掌握它的人可以评估不断变化的条件，并调整应对方式以便适应，从而达成更全面、更深刻以及更持久的学习效果。

【自我测试】学习风格测试

三、高效学习的策略

重要的学问，通常是有一定难度的。在学习的过程中你会遭遇挫折，这是努力的标志，不代表失败。成功的学生能掌握自己的学习，并严格遵从一些简单的策略。下面三个基本的学习策略，你如果能严格遵从它们并养成习惯，最终结果可能会让你大吃一惊。

1. 练习从记忆中检索新知识

"检索练习"意味着自我测验。从记忆中检索知识和技能应当成为你的主要学习方法。怎样能够做到把检索练习当成学习方法使用呢？首先你需要放弃反复阅读，在读课本或是研究课堂笔记的时候，要不时地停下来，合上书本问自己一些问题。比如，核心概念是什么？哪些概念是我以前知道的？哪些概念是我没接触过的？我可以如何定义它们？这些概念和我已知的知识之间有何联系？

为什么检索练习的效果会比反复阅读更有效？用主要概念和术语背后的含义考查自己有助于将精力集中在核心思想上，而不是次要的材料或是教授的措辞上。小测验能够帮助我们评估哪些内容是学会了的，哪些内容是还没有掌握的。并且，小测验还能阻止遗忘。通过自测的方式定期练习新知识和新技能，不仅可以加深我们对其的理解，而且还可以增强我们把新知识和先前知识联系起来的能力。相反，反复阅读会让我们熟悉一段文字，从而创造出一种已经学会的假象，但这并不代表我们真正掌握了知识。

2. 有间隔地安排检索练习

有间隔的练习意味着要不止一次地学习资料，且相邻的两次练习中间要隔开一段时间。使用有间隔的练习的学习方法时，需要建立一份自测计划，在每个学习阶段之间都留出一段时间，具体的间隔时间取决于资料本身。如果是学习将一串人名和面孔对应起来，那么在第一次接触之后每隔几分钟就需要复习一遍，因为这种关联很容易遗忘；如果是课本中的新资料，在第一次接触后隔一两天温习一遍，之后或许数天或一周后再看一遍即可。

为什么有间隔的练习效果要优于直觉所重视的"练习、练习、再练习"？如果把自测作为主要的学习方法，把学习时间间隔开来就会让两次学习之间出现一些遗忘，为了重建学到的东西，我们就不得不更加努力。这相当于把我们学过的东西从长时记忆中再次提取出来。为了重新提取所付出的努力会让重要的概念更加突出和难忘。

3. 学习时穿插安排不同类型的问题

在学习过程中交替地插入不同类型的问题或任务，可以帮助学习者加强记忆和理解。以学习数学公式为例，穿插安排不同类型的问题意味着不要每次只学习一种，而是要轮换接触不同的问题和解法。以研究宏观经济学原理为例，穿插安排不同类型的问题意味着要把不同的案例混合起来。把穿插练习当成学习方法使用时，要把不同的问题分散安排到自己的练习规划中。

为什么穿插练习的效果更好？把不同类型的问题或样本混合起来学习，可以提高我们区别问题类型的能力，辨识出同一类型问题的普遍特点。在现实世界中，我们必须能够识别要解决问题的类型，才能运用正确的解决方案。通过将不同的问题穿插安排在学习过程中，我们可以在不同类型的问题之间切换，从而促进思维的灵活性和理解的深入。这种方法可以提高学习效果，加强记忆，并帮助我们将知识应用到不同情境中。

知识拓展

考试是最有效的学习策略之一

可能没有什么能比考试更让学生感到焦虑和不安了。随着社会对标准化考试的日益关注，网络论坛和新闻媒体上充斥着对考试的批评，认为它仅有利于培养纪律性，却损害了理解和创新的能力；考试给学生们带来了额外的压力，并被认为是衡量个人能力的不当方式……然而，如果我们改变对考试的看法，不将其视为学习成果的唯一衡量标准，而是作为一种从记忆中提取知识的练习，我们就可以将其转变为一种学习工具。

研究表明，通过"主动检索——考试"的过程可以增强记忆力，且检索的努力程度越大，收益也越大。例如，飞行模拟器训练比幻灯片讲座更有效，小测验比重复阅读更能巩固知识。检索知识的两个主要优点是：首先，它能揭示你知道什么和不知道什么，帮助你决定未来应该专注于哪些不足之处进行提升；其次，回顾已学的知识有助于大脑重新巩固记忆，增强新旧知识之间的联系，便于未来回忆。考试，也就是检索过程，可以有效地阻止知识被遗忘。

在一个实验中，研究人员在伊利诺伊州哥伦比亚市的一所中学里对八年级学生进行了测试。他们让学生们参加一项不重要的小测验(并提供了反馈)，这一测验涉及科学课上的某些知识点，并且小测验的成绩只占总分的一小部分。另一部分知识点没有在小测验中出现，但学生们需要复习三遍。一个月后，当在最后的考试中考查这些知识点时，发现学生们对于那些在小测验中出现过的知识点记得更牢。

第二节　经典学习理论

提到学习，我们最有可能想到的是学生在教室或报告厅里的画面——摊开在桌子上的课本，认真地听着前面的老师授课。但是在心理学里，学习则是另一回事。对心理学家而言，学习是基于体验的长期的行为改变。经典学习的两大主要类型为经典条件作用和操作性条件作用。

一、经典条件作用

19世纪末，一位名为伊万·巴甫洛夫(Ivan Pavlov)的俄国生理学家在狗身上做了非常著名的实验。他在给狗食物的同时摇响了铃铛。不久以后，这些狗就将食物和铃声联系起来。它们明白了当有铃声响起的时候，它们就会有吃的。最后，只要铃声一响，这些狗就开始分泌唾液：它们觉得有铃声就应该有食物。我们知道，在通常情况下，只有看到闻到食物，狗才会分泌唾液。我们称食物为无条件刺激，称分泌唾液为无条件反射。然而，当我们将一个无条件刺激，比如食物，和一个原来是中性的东西，比如铃声，联结起来的时候，那个中性的刺激物变成了条件刺激。于是经典条件作用便产生了。

经典条件作用(classical conditioning)是指一种原本无特殊意义的中性刺激(如铃声)与一个原本就能引起某种反应的刺激(如食物)相结合，使得这个中性刺激也能够引起同样的反应。

我们可以看到经典条件作用在动物身上的应用，那么这种作用应用到人身上会是怎样的呢？答案是完全一样。比如某一天你去医生那里打针，她说："不要怕，这一点儿都不会疼。"然后她给你打了你这辈子打过的最疼的一针。几个星期以后，你去一个牙医那里检查，他开始把一个镜子放在你的嘴巴里来检查你的牙齿，他说："不要怕，这一点儿都不会疼。"虽然你知道这个镜子不会让你疼，你却立马从椅子上跳起来撒腿就跑。当你去打针的时候，"这一点儿都不会疼"的字眼成了一个条件刺激，跟打针的疼痛联结在一起，打针的疼痛则是无条件刺激，于是就有了你的条件反射——跑得远远的。

巴甫洛夫的条件作用模式被美国行为主义心理学家华生(J. H. Watson)应用到了人的身上。他相信，如果将这种模式加以扩展，可以解释各种类型的学习和个性特征。华生认为，学习就是以一种刺激代替另一种刺激建立条件作用的过程。华生曾经用条件作用的原理做了一个恐惧形成的实验。实验中无害的小动物(兔子)和引起孩子恐惧的刺激(巨响)产生了联系，从而使得实验中的小朋友对小动物产生恐惧。在这个实验中，11个月大的小阿尔伯特本来不害怕小兔子，但是每次当他靠近兔子时，背后就会突然传来一声巨响，让他吓一跳。不断重复这一过程，阿尔伯特就对兔子产生了情绪反应。而且他对兔子的条件反应泛化到了其他任何有毛的东西上，如老鼠、制成标本的动物甚至是有胡子的人。

根据这一实验结果，华生提出：有机体的学习，实质上就是通过建立条件作用，形成刺激与反应之间联结的过程。在学习过程中，许多学生的态度就是通过经典条件作用而习得的。例如不少同学可能不喜欢外语，因为老师在课堂上要求他们大声朗读或翻译句子，这容易引起英语成绩不好的同学的焦虑，如果将外语学习和这种不愉快的体验联系起来，就会形成对外语学习的恐惧反应，更糟糕的是这种对外语学习的恐惧如果泛化，甚至可能会影响其他功课。

【学以致用】经典条件作用能提高考试成绩吗？

对于那些考试前感到紧张的人来说，这里有一个建议值得一试。你可以通过听一首特定的歌曲来训练自己的身体产生放松的效果。

首先，选择一首你不太熟悉的柔和乐曲，并找一个能让你感到平静和放松的地方，每天花5到15分钟聆听这首歌曲，同时配合进行深呼吸练习。

请记住，在除了指定的放松时间之外，不要主动听这首歌曲。经过几周的持续练习后，尝试只单纯聆听歌曲，不再进行深呼吸。对比一下现在听这首歌和刚开始听时的感受，你可能会发现现在更容易感到放松。如果这种变化确实发生了，那么在考试前播放这首歌曲，它可以帮助你减轻焦虑，帮助你更集中注意力以应对考试。

二、操作性条件作用

经典条件作用关注诸如分泌唾液、恐惧等非自愿的生理与情绪反应，而且这些反应是由刺激引发的。但是人的学习并非都是自动的或无意识的，可以说人的绝大多数行为都是自发的或是有意识状态下自愿产生的。这些有意识的动作叫作操作。人们能够主动操作环境而产生各种后果。随着我们操作环境，我们学会了某种行为方式。换言之，在经典条件作用中，无条件反应通常指的是针对食物、水、疼痛等自然刺激产生的天生生理性反应。而在操作性条件中，反应是自发的，是机体做出的有意行为。操作性条件作用(operant conditioning)涉及根据行为后果建立关联。在操作性条件作用中，个体通过试错和行为后果的反馈来学习哪些行为会产生积极的后果，从而增加这些行为的频率。

操作一词意在强调有机体主动地实施行为作用于环境，以达到对环境的有效适应。诸如勤奋工作以得到加薪，努力学习以取得好成绩，都属于操作。操作性条件作用是指行为因其后果而得到增强或减弱的学习过程。如果你每阅读一本书就会有一笔意外收入到账，那你会不会多读几本书呢？如果会的话，收入就是一种正性的结果，它可以增加阅读行为出现的可能性。

研究操作性条件作用的代表人物之一是美国心理学家斯金纳(B. F. Skinner)。斯金纳通过训练小老鼠学会按压杠杆获取食物的实验来研究强化和行为结果之间的关系。斯金纳认为操作性条件作用的关键在于强化。强化是指伴随行为之后出现某种刺激，从而使得该行为再度出现的可能性增加的过程。

强化可进一步细分为正强化和负强化。正强化通过呈现我们期待的愉快刺激来增加反应频率。比如在反应后给予个体食物、金钱或是夸奖，那些反应很可能会再度出现。与之相反，负强化通过中止厌恶刺激来增加反应频率。比如你身上起了皮疹，在涂抹某个牌子的药膏后症状减轻了，那么下次当你又出现疹子时，你有更大概率会选择这个牌子的药膏。

【扫描学习】微课：经典学习理论

【知识拓展】塑造：强化非自然行为

设想一下，如果我们试图通过操作性条件作用来让人们掌握汽车修理技能，这将是一个相当烦琐的过程。学生们需要先自行摸索一段时间，偶尔才能做出正确的操作，然后才能得到强化，这样的循环将非常耗时。许多生活中的复杂技能并不是自然而然就能掌握的。由于这些技能不会自然而然地出现，因此也就没有机会立即给予强化以巩固和维持这些技能。然而，我们可以通过一种称为"塑造"的方法来实现这一目标。

塑造是一种通过逐步反馈来教导个体学会复杂技能的过程。在塑造的初期，任何接近目标行为的行为都会得到强化；随后，只对与目标行为更为相似的行为给予强化；最终，只对目标行为本身进行强化。这种方式使得个体每次都能朝着目标行为迈出一步，直到最终完全掌握复杂的技能。

塑造不仅让动物学会了不可能自然发生的行为，如狮子跳火圈、鹦鹉做算术，而且在人类学习各种复杂技能的过程中也发挥了作用。例如，大学生在课堂上学习的能力就是通过长时间的塑造逐渐培养起来的。小学时所需的注意力和专注程度远不及大学，但正是通过这种长期的塑造，我们学会了如何集中精力，直到达到大学课堂的要求。

【学以致用】精华学习法

1. 狮子记忆法

原理：人类在饥饿时，海马体活跃，这是为了寻找食物而留下的本能，此时的大脑状态有利于记忆。走动时，海马体认为人处于狩猎状态，也有利于记忆。乘坐汽车、地铁等交通工具也有类似效果。感到寒冷时，大脑会认为面临危险，海马体也会活跃。

要点：饥饿、走动、感到寒冷。

学以致用：饭前在凉爽的房间内边走动边记忆，是个不错的选择。

2. 感动式学习法

原理：负责情绪的杏仁核也能引发神经元的长时程增强作用，即神经元之间的连接增强，并被长期激活。换言之，情绪高涨时人更容易记忆。以拿破仑被流放到圣赫勒拿岛的历史事件为例，不要死记硬背，而是带着感情去记忆，设身处地地想象拿破仑的悲惨境地。

要点：分析知识点，将其与感情关联后来记忆。

学以致用：有感情地代入历史情节之中，大脑自然就会记住这个知识点。

3. 好奇心记忆法

原理：脑电波θ波是"好奇心"的象征。第一次见到事物或第一次到某个地方时，脑中会产生θ波。对单一事物感到厌烦时，θ波消失。θ波出现时，即使刺激次数少，海马体也能产生长时增强作用，提高记忆效果。

要点：保持兴趣，发现兴趣。

学以致用：一方面，如果觉得今天不在状态，怎么都提不起对学习的兴趣，那就稍微休息一会儿再试试吧。另一方面，很多事只用眼睛观察是判断不出有趣与否的，必须亲自尝试后才能发现其中的乐趣，而且了解得越多就越能体会到其中的有趣之处。

4. 分散学习法

原理：睡眠时大脑整理当日信息，强化记忆。每天学习一部分内容比一天内集中学习大量内容效果更好。

要点：每天学习一部分，作息规律，持之以恒。第二天做回想复习，回想时要争取做到100%准确，否则模糊的记忆可能会覆盖原本准确的记忆。

5. 迁移学习法

原理：将在某一领域已经熟练的方法迁移到新的学习中，从而掌握与理解新知识。

要点：从擅长的领域出发，磨炼"方法记忆"。不仅记忆知识，还要注重理解和思考，形成可迁移的方法。

三、认知学习理论

尽管经典条件作用和操作性条件作用能够解释人类学习的多个方面，但是我们还是能够轻而易举地举例说明这两种理论无法解释的现象。想象这样一个场景：新手司机们坐在驾驶座上胡乱摸索一番后，偶然用钥匙打着了火，然后又是一通手忙脚乱后，碰巧踩到了油门，把车子开动了，于是获得了正强化。假如学习的途径只有条件作用一种，那么驾校里就该是这么一番混乱的景象了。幸好现实生活中还有其他学习复杂行为的方式，比如我们在坐车的时候已经学到了一些关于驾驶的基本常识，如知道怎么点火、怎么踩油门等。也就是说，经典条件作用和操作性条件作用只能解释部分学习过程，而像开车这样复杂的行为需要思维、记忆等高级加工过程的参与。

为了全面理解人类的学习行为，我们需要摆脱机械学习论的束缚。学习并不是如经典条件作用所说的那样，只是自动习得刺激与反应的简单联结，而且也不像操作性条件作用所认为的皆是强化的结果。一些心理学家认为学习是思维的过程，这种观点被称为认知学习理论(cognitive learning theory)。持这种观点的学者并不否定经典条件作用和操作性条件作用的影响，只是相比外部刺激、反应、强化而言，他们更加关注学习内部的思维过程。

心理学家通过一系列动物实验发现了潜伏学习的现象。所谓潜伏学习，是指新行为已经习得，但直到诱因出现时才会表现出来。换言之，潜伏学习的发生不需要强化。在白鼠走迷宫的实验中，白鼠被随机分配到三个组别中：第一组白鼠每天被放到迷宫中一次，持续17天，且不对它们的行为进行任何奖励，这组白鼠花了很长时间才走出迷宫，犯错误的次数也最多。第二组白鼠每次走出迷宫时都会受到奖励，它们最快、最好地学会了走迷宫。第三组白鼠在开始时和第一组一样，没有受到任何奖励，这样的情况持续了10天，从第11天开始，每次白鼠走出迷宫时都会得到奖励。这一变化给实验带来了戏剧性的改变。那些在前十天看似漫无目的探索的白鼠在受到奖励后，走出迷宫的时间和所犯错误的次数均急剧下降，很快就表现得和第二组白鼠一样好。认知心理学家认为，很显然白鼠早已学会了如何走出迷宫，只是在给予奖励后才将学习到的行为表现出来。这一结果支持了学习的认知观概念，即改变发生在看不见的思维层面，即便没有强化，白鼠也学会了如何走出迷宫。

让我们再回到学习开车的例子上。怎么解释人们完全没有直接经验却可以习得并做出某些行为呢？为了回答这一问题，心理学家提出了认知学习取向的另一个理论：观察学习(observational learning)。观察学习，也被称为模仿学习或社会学习，是指通过观察他人的行为和结果来获取新知识、技能或行为模式的一种学习方式。在观察学习中，个体可以通过观察他人的经验和行为来获取信息，然后在适当的情境中应用这些信息。

当然，我们并不会把看到的一切行为都学习或表现出来。其中，榜样是否因其行为受到奖励是一个重要的影响因素。如果我们观察到自己的朋友因为努力学习而取得了好成绩，那么我们也会更加努力；而如果看到朋友因为多花时间在学业上，身心俱疲却一无所获，那我们也就不效仿他了。通常来说，人们更倾向于去模仿受到奖励的榜样行为。值得注意的是，观察到榜样因行为受到惩罚，也不会阻止人们学习该行为，只是会降低人们的表现倾向。对于现实中的许多问题，观察学习理论提供了一个可供解释的理论框架，从而帮助我们更好地理解、解释并预测他人的行为。

【经典实验】攻击行为是习得的吗？

心理学家阿尔伯特·班杜拉和他的团队想要研究一个问题：电视和游戏中展现的暴力行为是否会导致儿童变得更加具有攻击性。他们进行了一系列实验，其中最知名的是所谓的"波波玩偶实验"。这个实验涉及三组3至6岁的儿童，每组被分配观看不同的场景。一组儿童观看展现攻击行为的榜样角色，另一组观看正常行为的榜样角色，而第三组则没有观看任何场景，作为对照组。之后，研究者们观察了孩子们的行动。

在实验中，孩子们被单独留在一个房间，而榜样角色随后加入。孩子们坐在桌子旁，桌上有制作图片用的马铃薯印花和贴纸。榜样角色走到房间的另一角，那里有一套小桌椅、一套万能工匠玩具、一根棒球棍和一个高大的充气波波玩偶。

在正常行为的情境中，榜样角色只是组装玩具，忽略波波玩偶。但在攻击行为的情境中，榜样角色会先与玩具玩耍，然后激烈地攻击波波玩偶，包括打它、坐在它上面、反复击打它的鼻子、把它提起来并用棒球棍猛击它的头部，最后愤怒地把它踢得到处都是，并大声鼓励攻击行为。

十分钟后，一位女研究人员出现，将孩子们带到另一个实验室。在那里，孩子们在前厅玩耍，然后进入观察室，女研究员坐在角落的办公桌后，假装忙于工作，避免与孩子们互动。实验室里有各种玩具，包括蜡笔和纸、球、娃娃、熊、汽车和卡车模型、塑料农场动物玩具，以及一根棒球棍和一个较小的充气波波玩偶。孩子们在这个房间里独自玩耍20分钟，而评分人员则通过单向镜观察他们的行为并进行评分。

结果显示，观看了攻击行为的孩子们在侵略性行为上普遍比未观看攻击行为的孩子们表现得更为激烈，这证实了研究者的假设：攻击行为可以通过观察学习得到。他们还发现，对于身体攻击这类有男性倾向的行为，男孩和女孩更倾向于模仿男性榜样；而对于言语攻击，男孩和女孩则更倾向于模仿同性别的榜样。

第三节　记忆的心理学研究

记忆对学习的重要性不言而喻：记忆是学习和认知过程的核心组成部分，它对于个体的知识获取、信息处理和问题解决具有关键作用。然而，我们的记忆似乎往往并不尽如人意。本节将带领大家了解记忆相关的心理学研究，帮助大家科学地认识记忆，从而让记忆帮助我们高效学习。

一、记忆的形成与保持

请按照如下提示做一个回想练习：首先，请回忆一个让你印象深刻的生动画面，无论是什么，它在你的脑海中一定是非常逼真的。现在，请再试着回想一下，三周前的今天你吃了什么午餐。相较于前者，后者可能不是那么容易被回忆唤起吧？为什么我们会记得一些事情，而忘记另一些呢？记忆又是如何随时间逐渐消退的呢？下面我们将通过说明记忆的形成过程来解释记忆是如何形成和保持的。

当我们拨打电话号码时，这个体验会被转化为脑电波脉冲，迅速通过我们的神经网络。这些脉冲首先到达短期记忆的处理中心，这里负责存储几秒到几分钟的记忆。然后，这些体验经过海马体等关键区域的作用后，会转化为长期记忆，并最终存储在我们大脑中的多个记忆存储区域。大脑中的神经元在特定的站点连接，这些连接点使用被称为突触的特殊神经递质。当两个神经元反复连接时，会发生一件重要的事情：它们之间的连接会变得更加高效，这个过程被称为长时程增强效应，它是体验被存储为长期记忆的原理。

那么，为什么有些记忆会丢失呢？年龄是一个影响因素。随着年龄的增长，神经元突触开始衰退和减弱，这增加了我们检索记忆的难度。科学家们提出了几个原因来解释这种退化。成年中期之后，海马体每十年约失去5%的神经元，到了80岁，总共可能失去20%的神经元，这会导致神经传递产物的减少，例如乙酰胆碱的减少，这些变化可能影响我们读取信息的能力。年龄也影响我们形成记忆的能力。当我们专注时，当我们完全投入时，或者当信息对我们非常重要时，我们就会形成深刻的记忆。随着年龄的增长，精神和身体健康问题变得更加普遍，干扰了我们的注意力集中度，因此年老也成为我们记忆的"小偷"。

长期压力也是导致记忆力问题的原因之一。当我们长期面临超负荷的工作和个人压力时，我们的身体会"报警"。这个反应源自我们的身体为在危机中生存而设计的生理机制，压力产生的化学物质帮助身体调动能量和增加警觉性。然而，长期的压力使这些化学物质在身体中泛滥，导致脑细胞流失和新生脑细胞能力减弱，从而影响我们记住新信息的能力。

抑郁也是问题的一个来源。40%的抑郁症患者更容易出现记忆问题。血清素是一种与唤醒程度相关的神经递质。低水平的血清素，可能影响抑郁的人对新信息的关注。抑郁的另一个症状是沉浸在过去的悲伤事件中，这导致抑郁症患者很难关注当下发生的事情，影响了短期记忆的存储能力。与抑郁紧密相关的"孤独"也是记忆的"小偷"。一项哈佛大学公共卫生学院的研究发现，在六年时间里，拥有更高社会融合能力的老人的记忆衰退较慢。虽然确切的原因还不清楚，但专家推测，社会交往可能帮助我们的大脑保持活力，就像肌肉力量的训练那样，经常被用到的肌肉会更有力。所以我们也必须使用我们的大脑，否则就可能会失去它应有的功能。

二、有关记忆的重要脑组织

20世纪50年代，著名的神经外科医生威廉·斯科维尔在一位年轻男子亨利·莫莱森(被称为"H. M.")的头上使用手动起子和一个电钻进行了手术，钻孔并移除了他大脑中某些重要的部分，并用金属管子将其吸走。这并非恐怖电影的情节或警方的噩梦报告，而是斯科维尔医生作为当时最知名的神经外科医生之一的一次大胆手术。H. M.的案例为我们提供了大脑功能如何运作的深刻见解。

亨利·莫莱森在童年时的一次事故中头部受伤，随后他开始患上癫痫，并经常失去对身体的控制。多年的反复发作，使他不得不退学。这个绝望的年轻人找到了斯科维尔医生——一位以大胆而闻名的医生。斯科维尔决定对H. M.进行部分前脑叶白质切除术，这是一种常用于治疗精神病人的手术，其理论基础是大脑功能是严格局部化的，特定的功能位于相应的大脑区域。手术最初成功了，H. M.的癫痫发作几乎完全消失，他的智力甚至有所提高。然而，很快医生们发现了一个问题：他的记忆受到了破坏，除了失去大部分早期记忆，H. M.也无法形成新的记忆，他会忘记日期、重复说话，甚至连续进食多次。

布伦达·米尔纳被邀请对H. M.进行观察和研究。米尔纳发现的一个事实揭示了明显的真相：尽管H. M.无法形成新的记忆，但他仍能保留信息足够长时间来完成一个句子。例如，当她给H. M.一个随机数字，并让他反复重复这个数字时，他能在15分钟内记住它。但是五分钟后，他会忘记这个测试曾经进行过。这一发现并不是第一个揭示长期记忆和短期记忆区别的线索，但它展示了每个记忆如何在大脑的不同区域被使用。我们现在知道，记忆的形成涉及多个步骤：首先是感知数据，并通过神经元短暂转录，然后传递到海马体，在那里通过特殊蛋白质加工来加强皮质突触连接。如果对经历的事物印象足够强烈或者我们在之后几天经常回忆，海马体会将记忆传递回大脑皮层形成永久存储。H. M.的大脑可以形成初步印象，但如果没有海马体进行记忆巩固，这些记忆很快就会消失。

米尔纳还发现了关于名字、日期和事实的陈述性记忆和关于骑自行车或签自己名字的程序性记忆的不同。在一个著名的实验中，她要求 H. M.在两颗星星之间的空隙中画出第三颗星星，其间他只能通过镜子看到自己的纸和笔。像其他第一次进行这个任务的人一样，他开始时做得很糟糕。但令人惊讶的是，他在反复尝试后进步了很多，尽管他没有之前尝试的记忆，但他的无意识的运动中心(unconscious motor center)记录了有意识的心智遗忘的信息。H. M.的大脑中"懂得那样"和"懂得怎样"的区别成为之后所有记忆研究的基础。

三、记忆内容的真实性

在 20 世纪 90 年代，一项研究揭示了一个引人注目的现象：参与者们回忆起了童年时在购物中心走失的经历，尽管他们从未真正走失过。他们详细描述了这些记忆，甚至有人记得救助他们的老人穿着法兰绒衬衫。但这些记忆都是假的，因为他们只是从研究人员那里得知自己曾经走失过，他们的父母也确认了这一点，然而这些都是研究人员虚构的经历。有趣的是，不是只有一两个人有这种错误记忆，而是四分之一的参与者都相信自己曾经走失过。这个研究结果令人震惊，但它确实揭示了我们的记忆有时并不可靠。

研究人员指出，记忆失实的常见原因有几个。例如，我们可能会无意中将来自他人的信息或新闻报道整合到我们的个人记忆中。这种暗示是我们记忆失真的一个方面。

在一项研究中，参与者被迅速展示了一组随机收集的照片，其中一些是他们从未见过的大学校园图片。三个星期后，当他们再次看到这些图片时，大部分参与者表示他们可能或肯定去过那个校园。他们错误地将来自一个场景的信息(一幅曾经见过的图像)误认为是来自另一个场景的记忆。

在其他实验中，参与者被展示了一幅放大镜的图像，然后被要求想象一根棒棒糖。他们的回忆经常是既见过放大镜，也见过棒棒糖。他们试图将物体与正确的场景联系起来，无论是实际看到的还是想象的。

这些记忆的易错性可能会对现实世界产生影响。例如，警方在审讯时，引导性问题可能会导致目击证人或其他嫌疑人产生错误的记忆。即使没有引导性问题，张冠李戴也可能导致错误的目击证词。在法庭上，如果法官裁定某条证据不予采纳，并要求陪审团忽略它，陪审团可能无法做到这一点。在医疗场景中，如果患者请求重新诊断，而如果第二个医生了解了之前的诊断结果，那么第二个医生的结论可能会受到影响。

我们的记忆并不是对现实的准确描述，而是主观认知。这并不是一个错误，问题是，我们常常将记忆视为事实，而不接受记忆并不准确这个基本事实。

【经典实验】你编造了记忆

记忆，如同人生旅途中的印记，没有了记忆，我们的过去就变得苍白无力，只能任由他人来解读。柏拉图认为记忆是纯净无瑕的，过去的经历都完整无缺地保存在记忆之中，供人们随时回顾。而弗洛伊德则认为记忆是由梦境和现实交织而成的，他将记忆比作不断重播的电影。然而，心理学家洛夫特斯却想要挑战这两位大师的观点。她认为记忆更像是一条变化无常的河流，或者是一只狡猾的老鼠，它的行踪难以捉摸。

洛夫特斯首先让参与者描述他们看过的物品，比如交通标志、胡须、农舍、刀子等。她可能会问他们："那个标志不是黄色的吗？"只要她给出这样的暗示，即使参与者看到的是红色标志，他们也会同意说它是黄色的。接着，她让参与者观看一段影片，影片中一名头戴面具的男性被枪击，躺在无人的街头。她问参与者："你记得那个人有没有留胡须？"每个参与者都回答有胡须，尽管影片中的男子戴着面具，无法看清是否有胡须。

洛夫特斯的实验证明了"现实与想象之间仅有一线之隔"。同时，她也揭示了即使是微小的暗示也会影响记忆的准确性。记忆就像儿童随意涂鸦的水彩画，可能在画纸上留下浓重的色彩，但它可能是这样的，也可能是那样的，实际上却是一团糟。

四、提升记忆有妙招

如今，很多人都痴迷于健康的生活方式。他们吃健康的食物，在健身房锻炼，以及听各种音乐。但他们往往忘记我们的大脑也需要锻炼，尤其是当你开始频繁地出现记忆衰退时。不过，别担心，你只需尝试这些简单的大脑练习即可帮助自己提升记忆。

1．大声读书

2017 年，滑铁卢大学进行了一项实验，他们要求 95 名参与者先后默读、听别人读书、听自己读书的录音以及大声朗读。随后，参与者被要求回忆单词。事实证明，自己大声朗读的小组，回忆单词的能力最强。当你说话的同时能听到自己说话时，大脑存储信息的效率会提高。你可以与你的朋友或家人一起练习。另外，你还可以尝试切换到有声读物，聆听它们可以以不同于默读的方式激发你的想象力和大脑区域。

2．日常活动时换手

世界上只有 1%的人口没有惯用手，大部分人要么惯用右手，要么惯用左手。但如果你尝试换成"另一只手"，它会加强你大脑中的神经连接，让你的思维和记忆更加敏锐。请尝试在刷牙、清洁或洗碗时使用非惯用的手。但是，请注意不要在重要的事情中练习哦！第一次做时可能看起来真的很难，但它会通过调整给你的大脑带来完美的刺激。只要经常做这个练习就可以了。

3．每周提高心率 3 次

定期的有氧运动可能会增加海马体的大小，而我们知道海马体是大脑中负责将信息转化为新记忆的部分。2011 年发表的一项研究支持了锻炼会对我们的记忆力产生积极影响的观点。据介绍，有氧运动可以提高心率，有助于大脑存储长期记忆。即使你不喜欢去健身房出汗也可以，每周 3 次、每次 20 分钟快走，可以获得同样的效果。

4．创建文字图片和拼图

这是你可以在任何地方进行的最简单的锻炼。例如当你乘坐公共交通工具或在杂货店排队时，想出任何你喜欢的单词，并在脑海中想象它的拼写。之后尝试想出另外的单词，它们的前两个字母或后两个字母与第一个单词一样。这种智力游戏可以帮助你的大脑保持活跃和敏锐。

5. 做 4 个细节观察练习

这就是科学家所说的"被动记忆训练"。你可以在外出时练习，你所要做的就是观察白天遇到的某人的任何 4 个细节，然后稍后回忆。比方说，为你泡咖啡的咖啡师，他或她可能有一头深黑的头发，戴着一块金表，右脸颊上有一颗美人痣，穿着一件黄色 T 恤。一开始每天只注意一个人的这些小细节，然后逐渐增加这个数字，或者添加更多要记住的细节。

6. 播放一些音乐

如果你必须为了考试而死记硬背，或者阅读并记住一些与你的工作相关的东西，你最好用悦耳的音乐来作背景。听音乐有助于我们的大脑保留信息。最好用一些你喜欢的器乐旋律制作一个播放列表，因为带有歌词的歌曲可能会阻碍记忆的过程。如果你是真正的音乐迷，请考虑学习演奏乐器。这样的活动不仅可以增强你的记忆力，还可以帮助你缓解压力，让你变得更聪明！

7. 握紧拳头

2013 年，蒙特克莱尔州立大学的心理学家进行了一项实验。他们的实验结果表明，握紧拳头会触发负责记忆处理的特定大脑区域。握紧右手 90 秒有助于记忆形成。如果你用左手做同样的事情，可以提高你的记忆力。在上述实验中，50 名成年人被要求记住一长串单词，那些做握拳动作的参与者的单词记忆效果更好。

8. 涂鸦

2009 年，剑桥大学的研究人员邀请 40 名参与者听一盘录音带，其中描述了一个关于聚会的小故事。一半的人被要求在听磁带的同时在一张纸上涂鸦。录音带播放结束后，参与者在回忆故事中提到的人物和地点时，涂鸦的人比那些不涂鸦的人回忆起的信息多29%。当我们听某些东西时，我们的心智会游移，这会分散我们对信息的注意力。涂鸦这样的简单任务能够有效地阻止心智游移，使我们对听到的信息更加敏感。

9. 开怀大笑

如果你总是忘记钥匙或手机放在哪里，也许你所需要的只是短暂的笑声。笑有助于降低皮质醇的水平，皮质醇是一种压力荷尔蒙，会对海马体产生负面影响。我们已经知道海马体在保留信息的过程中发挥着重要作用。这就是为什么观看喜剧之后的人在延迟回忆和视觉识别方面会明显表现得更好的原因。所以，千万不要错过咯咯笑的机会哦！

【心理百科】常见的记忆术

西塞罗是一位古罗马的哲学家，他曾经提到人类拥有两种记忆：一种是自然记忆，它源自我们的心灵，与我们的思维同步形成；另一种是人工记忆，这种记忆可以通过训练得到加强。记忆术，就是一种可以通过训练获得的精致技巧，它依赖于视觉形象或语义上的联系。在记忆名词、种类、序列或项目组等信息时，记忆术显得尤为有效。

(1) 位置记忆法是一种在脑海中构建一个熟悉场所的技术。比如在你从家到学校的一条路线上，你可以确定一些特定的点，然后将你需要记忆的内容视觉化，并与这些点联系起来。例如，如果你想记住一个购物清单，你可以在心里将清单中的每一项沿着从家到学校的路线顺序排列，当你需要回忆这个清单时，只要在心里重走这条路线，就可以找到每个特定地点所对应的项。

(2) 首字连词法是一种利用每个词或句子首字的缩写来记忆的方法。例如，二十四节气歌就是通过将每个节气的首字连起来以方便记忆的。二十四节气歌：春雨惊春清谷天，夏满芒夏暑相连，秋处露秋寒霜降，冬雪雪冬小大寒。

(3) 谐音联想法是一种通过联想，赋予事物意义来记忆的方法。例如，有一个故事讲的是一个私塾先生每天让学生背诵圆周率，而他自己却去山上和和尚喝酒。于是，学生编了一个顺口溜：山巅一寺一壶酒，尔乐苦煞吾，把酒吃，酒杀尔，杀不死，乐而乐。通过给数字赋予意义，并将其转化为视觉形象，记忆起来就变得更加容易。

(4) 关键词法是一种将新词或概念与相似的声音线索词通过视觉形象联系起来的方法。例如，英文单词"tiger"可以联想到"泰山上一只虎"。这种方法在外语词汇学习时非常有用，也适用于其他信息的学习，如地名、地理信息、阅读理解等。

【经典实验】心想就会事成吗？

皮格马利翁效应(Pigmalion Effect)，也被称为自我实现预言效应，是指人们的预期和期望会影响他人的表现和行为，从而导致这些预期和期望成为现实的现象。该效应得名于古希腊神话中的一位雕塑家皮格马利翁。他创造了一尊雕像后，祈祷使其变为真实的女性，最终雕像被爱神赋予生命。现实生活中也有许多关于自我实现预言的趣事。例如一群去打保龄球的年轻男人，如果他们"知道"张三在晚上会打得很好，于是张三便真的手气不错。但当他们"知道"李四会搞砸一切时，第二天晚上李四果然没能做好任何事情。真的有科学依据可以支持这种迷信吗？

1963 年，旧金山一所小学的校长莉诺·雅各布森在看过罗伯特·罗森塔尔的一篇文章后，前去拜访了这位哈佛心理学家。他们试图一起探究学业成绩这种重要的东西是否受到教师期望的影响。

他们前往一所名为橡树学校的公立小学。在这所学校里，教师根据每个孩子的阅读能力和考试分数，将每个年级的班级分为三个等级——快班、中班和慢班。相对来说，慢班里会有更多男生和墨西哥裔儿童。研究人员选择了 350 名儿童进行实验，他们将使用的测试题目夸张地称为"天才儿童哈佛测试"，并告诉老师说，这个测试旨在评估儿童的"天才水平"或"学习潜能"。研究人员从慢班、中班和快班中随机选择出五分之一的学生，并告诉每个老师，"哈佛测试"的结果表明，这些孩子会在接下来的一年里突飞猛进，超过班上的其他同学。他们还禁止老师向孩子和他们的父母提到这个测试。

一年后，他们给所有的孩子都做了相同的智商测试，六个年级所有学生的智商水平全部提升了，有超过 8 分的进步，但是"潜力儿童"的表现远优于同龄人，他们的平均得分提高了 12.2 分。一、二年级学生的表现尤为突出，有 21% 的一、二年级"潜力儿童"进步了 30 多个 IQ 分数点，而"普通儿童"中只有 5% 的人进步了那么多。快、中、慢班的儿童没有显著差异：在中班和慢班上课的儿童与快班的儿童表现得一样好。女生在推理测试中的表现略优于男生："潜力女生"比普通女生高出 17.9 分，而"潜力男生"表现得要稍差。

罗森塔尔和雅各布森观察到的现象为皮格马利翁效应提供了支持的证据。

【扫描学习】微课：改变拖延行为

【佳片有约】风雨哈佛路(Homeless to Harvard: The Liz Murray Story(2003))

影片根据真实故事改编。电影讲述了丽兹·默里(Liz Murray)通过坚持不懈的努力，从无家可归的困境中走出，最终进入哈佛大学学习的令人鼓舞的故事。

丽兹是一位出身于美国贫民窟的女孩，自幼便陷入家庭的重重困境。她的父母酗酒、吸毒，母亲更是饱受精神分裂症之苦。在这样的环境下，丽兹的生活充满了艰辛与困顿，她不得不流落街头乞讨，尝尽了生活的苦楚。

丽兹深知，唯有通过努力学习，才能改变自己的命运，摆脱当前的困境。她坚定地迈出了求学之路，从老师那里争取到了一次考试的机会，并以出色的表现赢得了入学的资格。自此，丽兹踏上了漫长的求学之旅。她为了申请哈佛的全额奖学金而拼尽全力，尽管在面试时连一件合适的衣服都没有，但她从未被贫困打败。丽兹的人生，始终贯穿着不屈不挠的奋斗精神，她坚信，只有通过不懈的努力，才能走向成功。

这部影片通过丽兹·默里的故事，强调了个人毅力、努力和接受教育的重要性。电影呈现了一个人从极端困境中走向成功和实现梦想的感人故事，鼓舞人们面对挑战时不言放弃，要不断追求更美好的未来。

第二章　恋爱心理学

【案例导读】　活了一百万次的猫

有一只猫，它的一生非同寻常，历经了百万次的生死轮回。然而，尽管它活了这么多次，却从未真正喜欢过任何人。

在一次生命的轮回中，它成为了国王的宠物。国王待它如珍宝，特地制作了一个华丽的篮子供其休憩。每次征战，国王都将其带在身边。然而，猫却并不快乐，最终在战乱中丧生。国王悲痛欲绝，但猫却冷漠如初，因为猫的心并不属于国王。

又一次，它成为了渔夫的伙伴。渔夫出海捕鱼时，总是带着它。然而，猫依然不快乐。在一次捕鱼时，猫不慎落入海中，渔夫虽竭尽全力将其救起，但猫已无生机。渔夫抱着它痛哭，但猫却面无表情，因为它并不喜欢渔夫。

再后来，猫成为马戏团的表演者。魔术师喜欢表演一个魔术，即将猫放入箱子中，随后将箱子与猫一同切开，再将其恢复原状，而猫则重新变得活蹦乱跳。然而，猫并不享受这样的生活。在一次表演中，魔术师失误将猫真的切成两半，猫的生命再次终结。魔术师悲痛不已，但猫却无动于衷，因为它并不喜欢马戏团的生活。

又有一次，它成为了老婆婆的伴侣。老婆婆喜欢静静地抱着它，坐在窗前看着行人来来往往。然而，猫并不快乐，最终在老婆婆的怀中静静地死去。老婆婆抱着它哭泣，但猫却毫无反应，因为它并不喜欢这样的生活。

直到有一次，猫成为一只自由的野猫。它每天都享受着吃不完的鱼，周围总是围绕着许多美丽的母猫。然而，它并不喜欢它们，总是骄傲地宣称自己是一只活过百万次的猫。

直到有一天，它遇到了一只白猫。白猫对它很是冷漠，这激怒了它。它每次遇到白猫都会故意炫耀自己活了一百万次的经历，但白猫只是轻轻地"哼"一声，便转过头去。渐渐地，它变得不快乐起来。

有一天，它再次遇到白猫，开始尝试与白猫交流。最终，它轻轻地问了一句："我们在一起好吗？"出乎意料的是，白猫这次轻轻地点了点头。猫感到非常高兴，它们开始每天在一起，白猫还生下了许多小猫。猫非常用心地照顾着它们，因为它知道这些小猫是活过百万次的猫的后代。

随着时间的流逝，白猫逐渐老去。猫细心地照顾着它，每天为它讲故事直到它入睡。然而，一天白猫在它的怀里永远地闭上了眼睛。猫抱着白猫痛哭不已，直到它的泪水干涸。最终，它也静静地躺在白猫的身边，再也没有醒来。

猫的一生虽然历经了百万次的生死，但却只有一次真正活过，那就是当它开始去爱、去体验猫生，拥有家庭、爱人和孩子的时候。心中有了牵挂，即使是负担也变得甜蜜。这样的生活才能让人心甘情愿地度过一生，安详地离世。而爱，正是将我们的一部分融入被爱的人或物中的行动。尽管我们可能会经历许多次的生死轮回，但真正的生命只在于那些我们用心去爱、去体验的时刻。

在我们的一生中，或许会有那么几个人，他们手握着我们内心仓库的钥匙。然而，很多人终其一生都未能打开那扇通往内心深处的门。其实，那把钥匙一直就在我们自己手中。只有当我们愿意去开启那扇门，去体验生命中的爱与美好时，我们才算真正地活过。

问题思考

(1) 人和人之间的吸引力是如何产生的？

(2) 恋爱中有哪些常见的现象？

(3) 恋爱中是否存在性别差异？

(4) 我们怎么培养爱的能力？

(5) 除了爱情，在我们身边还有哪些"爱"？

如果说大学是一个人从学生迈向成熟走向社会的重要阶段，那么恋爱无疑是最好的成长催化剂。有人说，爱情既是人生力量的源泉，也是制造彻骨痛苦的毒药。由此可见，爱情是左右人生的一个重要的存在。绝大多数大学生都对爱情满怀憧憬，但是绝大多数大学生对恋爱的原理却知之甚少。人开始恋爱的时候，到底被对方的哪一点所吸引？为什么会喜欢上对方？"喜欢"这种感情究竟从何而来？……本章旨在借助心理学理论剖析"恋爱"的真实面目，引导大家理解恋爱中的心理学原理，树立正确的人生观、价值观、爱情观，解决恋爱中出现的问题和困扰。学习恋爱心理学的过程就是培养爱的能力的过程。学习恋爱心理学不仅有助于我们建构健康的恋爱关系，而且能提升我们的人际沟通能力。

第一节　吸引力和爱情

英国戏剧大师莎士比亚在喜剧《皆大欢喜》中问道："爱情是什么？"从古希腊到当代，无数的学者提出了关于爱情成分和爱情风格的诸多理论。爱情无疑是一部变奏曲。然而，神经科学家认为，基本的人类情感和动机是由不同的神经系统产生的，这些神经系统源自哺乳动物的始祖。本节主要从神经科学的角度探讨爱情，主要讨论的是浪漫之爱的神经机制。

一、爱情的类型

爱情领域的专家，美国心理学家罗伯特·斯滕伯格(Robert J. Sternberg)提出了一种关于爱情的理论模型，用于描述和解释人类爱情关系中的不同方面和成分。这个理论被称为"爱情三因"，它将爱情分为三个基本组成部分，分别是亲密(intimacy)、激情(passion)和承诺

(commitment)。

亲密是指与伴侣之间的情感连接和亲近程度。这包括了分享个人感受、思想、经历和信任。亲密强调了彼此的情感互动，以及在感情上的理解和支持。这是一种"不分你我"，彼此间紧密和亲近的感觉，具体表现在：把自己的生活以坦诚、不设防的方式与对方分享，互相理解、尊重和支持对方，满足彼此的需要和欲望。

激情是指爱情中的浪漫和性吸引成分，是一种"强烈地渴望与对方结合的状态"。由于对方的强烈吸引，特别是外表吸引和性吸引，而产生一种怦然心动的感觉，与对方相处时会有兴奋的体验。激情是爱情中的强烈情感，可以表现为渴望与伴侣亲近的欲望，以及情感和性吸引的表达。

承诺是指决定和意愿，愿意将自己投入到一段关系中，并为其持续发展做出努力。承诺包含短期承诺和长期承诺。短期承诺是指将自己投身于一份感情的坚决，长期承诺则是指自己维护这份感情的努力。

亲密、激情和承诺相互交织，不同的组合形式构成了不同类型的爱情(如表2.1所示)。

表 2.1 爱情三角形的分类

爱情的类型	亲密	激情	承诺
无爱			
喜欢	√		
迷恋		√	
空洞之爱			√
浪漫之爱	√	√	
伴侣之爱	√		√
愚昧之爱		√	√
完美之爱	√	√	√

(1) 喜欢(liking)：只有亲密，缺乏激情和承诺。这种情感状态常见于友谊之中，友情与爱情之间有着本质的区别。喜欢，虽然与爱情相似，但并不能完全等同于爱情。值得注意的是，友谊在某些情况下可以逐渐升华为恋人关系，然而，也存在因恋爱失败而导致友情破裂的情况。

(2) 迷恋(infatuated love)：只有激情，缺乏亲密和承诺。这种情感状态常见于初恋阶段，少男少女们初尝恋爱的滋味，情感丰富而热烈，但由于缺乏成熟与稳重，往往只是一种受本能驱使的青涩爱恋。

(3) 空洞之爱(empty love)：只有承诺，缺乏亲密和激情。这种爱情形式通常出现在那些因各种原因而勉强结合的婚姻中，虽然双方有着对关系的承诺，但缺乏真正的情感交流与激情，使爱情显得空洞而无味。

(4) 浪漫之爱(romantic love)：只有亲密和激情，缺乏承诺。这种爱情崇尚不求天长地久，只在乎曾经拥有。

(5) 伴侣之爱(companionate love)：只有亲密和承诺，缺乏激情。此类爱情的典型例子是长久而幸福的婚姻，虽然年轻时的激情已经逐渐消失，但仍旧能继续幸福相守。

(6) 愚昧之爱(fatuous love)：只有激情和承诺，缺乏亲密，例如一见钟情。这样的激情，往往只是生理上的冲动，难以持久；而没有亲密的承诺，也仅仅是一张无法兑现的空头支票，难以预测其爱情的走向与终点，其未来走向充满了不确定性。

(7) 完美之爱(consummate love)：包含承诺、激情和亲密。在这样的爱情中我们可以体验到彻底的或完美的爱情，每个人都对其梦寐以求，但却可遇而不可求。

【自我测试】哪种情况跟你更像？

遇到有魅力的人时，我首先会想到：
A. 他们是否对我感兴趣，不感兴趣的话原因何在。
B. 他们是否打算找点乐子。
C. 我们是否会合得来。

约会时，我会关注：
A. 可能导致约会对象反感我的信号。
B. 约会对象可能变得很严肃的信号。
C. 约会对象可能会很好地对待我的信号。

在恋爱中，我经常会：
A. 感觉自己付出的爱更多。
B. 感觉迫于压力而做出承诺。
C. 感觉我们是情侣关系。

遇到感情困难时，我会：
A. 担心这段感情结束后不会有人再要我。
B. 快刀斩乱麻——何必自寻烦恼。
C. 会尽力解决——但如果感情要终结，那就终结吧。

短暂单身的话，我会：
A. 担心我会一直单身，并且可能与一些人约会来安慰自己。
B. 享受自由生活，享受单身的乐趣。
C. 努力享受生活——与其找不合适的，还不如等着呢。

选A多的人：具有焦虑型依恋的特征。
选B多的人：具有回避型依恋的特征。
选C多的人：具有安全型依恋的特征。

大多数人都是混合型的，但我们的担心可能是由于我们主导的依恋类型所引起的，而不是因为自身不受欢迎或他人毫无价值。

我们身边，有些人不会长时间单身，有些人会觉得每段新感情都是最终的真爱。同样，也有些人不停地更换约会对象，很多约会对象看起来都不错但却永远无法停获这些人的心。可能我们就是其中一员。为什么有些人这么容易找到爱情，而另一些人则很难找到爱情呢？

可能有些人搭讪技巧纯熟，所以有更多的伴侣选择。但即使最受欢迎的人与最有魅力的求婚者约会，也并不意味着两者会立即坠入爱河。这可以从我们对自身和他人的印象中找到解释。

　　如果自身是焦虑型的，我们更容易不自信和渴望爱情，可能会因此变得很草率。如果我们认为别人都优于自己，则不太可能在付出真心前批判地审视对方。焦虑型的人会快速恋爱，如果对方恰好合适的话，这也无可厚非。但如果不是这样，随之而来的可能就是心碎。如果你是焦虑型的，需要注意的是，自己除了一腔热情，还要有情感亲密需求和对对方的信任，避免把兴奋误当成爱情。

【扫描学习】美文欣赏：不言中的遗憾

二、浪漫之爱

　　心理学研究表明，浪漫之爱与一些独立的情绪、动机和行为有关。在浪漫之爱中，个体首先把另一个人看作是特殊的，甚至是唯一的，然后高度关注自己所喜爱的这个人，夸大爱人的优点，而忽略或缩小他/她的缺点。爱人们感到精力充沛、异常兴奋、夜不能寐、冲动、精神欢快，情绪起伏不定。他们是目标导向的，并有强烈的动机以赢得所爱的人。逆境会增强他们的激情，就像我们所知道的罗密欧和朱丽叶效应或者说是"挫折吸引力"。恋人们在感情上会变得彼此依赖，他们会重新做出安排，把自己和爱人的联系作为每天需要优先考虑的事情，当他们分开的时候会感到分离焦虑。大多数恋爱的人感到强烈的共情作用，许多人宣称他们甚至可以为爱人去死。

　　浪漫之爱的一个显著特点是"侵入性思维"。恋人们着迷似的想念他们心爱的人，他们渴望和他们的爱人达到情感上的最佳结合。2500 年前，柏拉图在《会饮篇》里提到这一点，他说上帝的爱"生活在需要的状态中"。受爱情冲击的人会有强烈的性欲，并强烈地想占有他们所爱的人。然而，他们对情意相通的渴望取代了性接触的欲望，结果，失恋的人经常变得反常，甚至采取一些危险的举动以夺回他们的爱人。许多被抛弃的情人因被遗弃而狂怒、意志消沉，结果造成绝望、沮丧、自暴自弃、悲观的情绪。最后，浪漫之爱是无意识的、难以控制的和非永久的，就像维奥莱塔在威尔第的悲剧歌剧《茶花女》中所唱的那样："让我们独自快乐地生活吧，因为爱情会像花儿一样迅速凋谢。"

　　为了进一步确定上面所讲的这些特征是准确的，斯腾伯格在一份关于浪漫之爱的问卷中对这些特征做了调查，437 名美国人和 402 名日本人完成了这份问卷。结果表明：浪漫之爱并不随着年龄、性别、性取向和种族的变化而出现明显的变化。例如，超过 45 岁的被试和不足 25 岁的被试在 82% 的题目上都没有显著的统计学差异，美国男性和女性在 87% 的问题上的回答是相似的，异性恋和同性恋的被试在 86% 的问题上回答相似，美国白人和其他种族的美国人在 82% 的问题上回答相似。

　　斯腾伯格等人认为，浪漫之爱属于吸引力系统，而吸引力系统是三个分离而又相互关联的情绪/动机系统之一，所有的鸟类和哺乳动物都发展演化出了这个系统，以支配其求偶、交配、生殖和养育。另外两个系统是性驱力和依恋系统。每个脑系统与不同的感情和行为有关；每一个系统都对应着不同系列的神经结构；三种系统互动，形成许多联结，产生与所有形式的爱情相关的一系列情绪、动机和行为。

性驱力(力比多)的特点是渴望性满足，它通常指向许多对象。在哺乳动物中，性驱力主要与雌性激素和雄性激素有关；在人类中，雄性激素(尤其是睾丸激素)对男性和女性的性欲都非常重要。在人类性唤醒的 fMRI 研究中，我们观察到性驱力与特定的脑网络系统存在密切的激活关联，特别是在下丘脑这一关键区域。

吸引力(和人类浪漫之爱相似)的特征是精力充沛、对特定配偶的极大关注、执着的追求、亲密的动作、占有式的配偶保护以及得到所偏爱的交配对象的动机等。在人类中，高级形式的动物吸引力包括浪漫之爱、占有之情、激情之恋或彼此间的深情厚意等。最新资料揭示，这一脑系统主要关联于奖赏通路中多巴胺活性的提升。此外，它还可能与中枢去甲肾上腺素活性的增强、中枢 5-羟色胺活性的抑制以及其他脑系统的协同作用密切相关，这些反应和系统共同催生了一系列与浪漫之爱相关的情绪、动机、认知及行为表现。

依恋，在鸟类和哺乳动物中的特征是对共有领地的防卫和/或筑巢、共同喂食、互相理毛、保持亲密、分离焦虑、双亲分担家务杂事以及亲和行为等。在人类中，伙伴依恋被认为是伴侣之爱。人类依恋具有上述所提到的哺乳动物的特征，同时稳定性、安全感、社会慰藉以及与长期伴侣之间的情感维系也占据着重要的地位。动物实验表明，这一脑系统主要受到伏隔核与腹侧苍白球中催产素和抗利尿激素的调控。

每一个重要的脑系统在求偶、交配、生殖和养育中各自起着不同的作用。性驱力促使我们的祖先在一系列合适的伴侣中寻求性交对象；吸引力(以及其发展出的人类形式——浪漫之爱)激发个体从可能的配偶中选择一个更喜欢的个体，并在这个喜爱的交配对象上集中精力，从而保存求爱时间和精力；依恋主要激发个体和生殖伴侣维持足够长的附属关系以完成特定物种的双亲职责。这三个脑系统之间通过不同的方式相互协作，共同主导着与人类繁衍密切相关的行为、情绪和动机。

【扫描学习】微课：有迹可循的神秘爱情

三、爱情的产生

我们常将浪漫视为内心中的一种真挚而难以言表的情感，实际上，浪漫产生的过程包含了大脑在短时间内进行的一系列复杂计算，这些计算决定了一个人对你的吸引程度。或许这听起来有些缺乏诗意，但需要指出的是，尽管所有这些计算都发生在大脑中，但那些温暖而朦胧的情感并非仅存于心灵深处。事实上，你的感官也在这一过程中扮演着关键角色，它们各自为这股吸引力的萌芽提供了共鸣或者反对意见。

视觉是吸引力强弱的首要评判依据。不同的文化和时代对于视觉美的定义各有不同。然而，具有光泽的长发和无瑕的皮肤在各种文化中一直都是受欢迎的，因为它们象征着青春活力和健康，同时也代表了出色的繁衍能力。当我们的目光聚焦于所爱之物时，本能驱使着我们缓缓接近，与此同时，其他感官也纷纷加入这一感知的盛宴。

鼻子在浪漫情感中的作用远不止于辨别香水或古龙水的味道。它可以识别一种被称为"费洛蒙"的天然化学信号，这些信号不仅传递着发出者重要的生理或基因信息，更能激起接收者相应的心理反应或行为模式。在一项研究中，一组处于不同月经周期的女性连续三个晚上穿着同一件T恤，随后男性参与者被随机分配去嗅闻已穿过的T恤或全新的T恤。结果揭示，那些嗅闻了排卵期女性穿过的T恤的男性，其睾丸素分泌量显著上升。这种睾丸素水平的提升可能会激励男性去追求那些平时可能受到忽视的女性。

女性的嗅觉对MHC分子这种化学物质尤为敏锐，这是身体用来对抗疾病的一种机制。另一项实验要求女性嗅闻不同男性穿过的T恤，结果显示她们更青睐那些与自己MHC分子差异明显的气味。这一现象也可以理解，因为基因造成的免疫力的显著差异可能会为后代带来关键的生存优势。

我们的听觉也在影响着吸引力的强度。男性更倾向于具有高调、带有轻柔呼吸声、共振间隔较长的音色的女性，这使人联想到婉约玲珑；而女性则更偏爱音调深沉、共振间隔较短的男性声音，它使人联想到高大强壮。

触觉在塑造浪漫吸引力的过程中也起着至关重要的作用。在一项研究中，参与者被要求暂时帮忙拿一杯热咖啡或一杯冷咖啡，然后参与者会阅读一个虚构人物的故事并对虚构人物的个性进行评价。结果显示，即便故事中的虚构人物的个性是按照中性性格设定的，但手持热咖啡的参与者更倾向于认为故事中的人物乐观开朗、社交活跃、慷慨大方且心地善良；而手握冷咖啡的参与者则更可能认为该人物冷漠疏离、淡泊名利、情感匮乏。

即便潜在的伴侣已成功通过了前面所有的考验，最后仍有一关需要他面对：初吻。初吻是一次充满深意和象征意义的触觉与化学信息的交融。这一神奇时刻至关重要，以至于许多男性和女性都坦言，曾因糟糕的初吻而丧失了对对方的吸引力。一旦吸引力得到确认，血液与肾上腺素会共同涌动，触发"战斗或逃跑"机制。你会心跳加速，瞳孔扩张，身体释放出更多葡萄糖以提供额外能量，这并非因为你面临危险，而是身体在告诉你：这一刻至关重要。

吸引力的强弱在很大程度上受到化学和进化生物学的深刻影响。尽管这种观点可能显得冷静客观，似乎缺乏浪漫情感，但在下次邂逅心仪之人时，你不妨让全身感官共同参与匹配过程，以判断这位美丽的陌生人是否与你心灵契合。

【经典实验】吊桥效应

情绪心理学家达顿和阿伦(1974)设计了一个有趣的实验来证明吊桥效应，实验的名称是"悬索桥上的爱"。

这个实验是在一条长 450 英尺，宽 5 英尺的著名吊桥上进行的。从 100 多年前起，吊桥便以 2 条粗麻绳及木板悬挂在高 230 英尺的河谷上。悬空的吊桥来回摆动，动人心魄，令人心生惧意。研究小组让一位魅力十足的年轻女子站在桥中央，等待着 18～35 岁的没有女性同伴的男性过桥，同时她会向受访者发出请求，希望他们协助完成一份调查问卷。问卷填写完毕后，她会主动提供自己的姓名和联系方式，并告知对方，若对问卷内容有进一步了解的需求，可以随时与她取得联系。与此相对，相同实验在另一座横跨了一条小溪但只有 10 英尺高的普通小桥上再次进行。

结果会怎样呢？实验发现，走过危险吊桥的男性认为女子更有魅力，大约有一半的男性后来联系过她，而在稳固小桥上经过的男性当中，则甚少有人联系过她。阿伦说："在危险的环境中，人们更容易动心。"

生理唤醒能促进浪漫的反应，肾上腺素会使两颗心贴得更近，这就是有些人在约会时选择观看恐怖电影、乘坐过山车等的原因了。

【心理百科】36 个让陌生人相爱的问题

心理学家阿瑟·阿伦(Arthur Aron)曾做过一个实验：让两个陌生人轮流回答 36 个问题，回答完后互相凝视 4 分钟。据说，在完成这个实验后，两个陌生人可以迅速相爱。这个实验的核心理论是：深度了解能促进亲密感。双方经过真诚的倾诉后，分享的心理会把彼此带入一个相互信任、找寻共鸣的状态。这种情况下再进行能造成生理唤醒(arousal)的对视，就极易发生想去爱的冲动。不得不承认，很多关系之所以无法善始善终，就是因为爱人之间始终缺少深度的沟通与了解，永远只浮于表面。让我们来看一下这 36 个问题的具体内容吧！

第二节　恋爱的发展

当我们喜欢上一个人之后，应该怎么做呢？如何才能拉近彼此之间的心理距离呢？爱情中是否存在性别差异，这又会对恋爱的发展产生什么样的影响？恋爱中有哪些我们需要了解的常见心理学效应？这些问题可能都会对你的恋爱发展产生重要的影响。

一、拉近彼此的心理距离

1. 频繁见面

有了心上人该怎么办？如何让对方也喜欢上自己？我要教你的第一招就是"频繁见面"。如果心上人是学校的同学，你可以想方设法混进他(她)的社交圈子；如果心上人是职场的同事，你就要调整自己的上下班时间，与对方一致，争取在路上碰面。不管怎么样，就是多见面。"就这么简单吗？"肯定会有人产生这样的疑问。但我可以负责任地告诉你，这个简单的方法确实非常有效。对于频繁接触的人或事物，人们往往容易产生好感，在心理学领域，这一现象被称为"单纯接触原理"。

美国心理学家罗伯特·扎因斯通过实验证明，人们对熟悉的人或事物具有一种正面感情。他给大学生看一些随机抽取的异性脸部照片，但每张照片给受试者看的次数不同，有的照片看的次数较多，有的则只给看一次。结果发现，受试者对看的次数较多的脸更有好感。后来，把照片换成真人进行实验，结果还是一样：见面次数越多，越有好感。由此可见，只是单纯地增加接触次数，也有可能培养出好感。所以，如果你有了心上人，就尽量多在他(她)面前出现。不管怎样，先"混个脸熟"。

2. 常出现在对方附近/让对方了解自己

如果你喜欢上一个人，想赢得对方的好感，除频繁见面外，最好经常出现在他(她)身边。美国心理学家科恩做过一个实验，让一位男士同时与两位女士聊天，不过其中一位女士距离男士只有 50 cm，而另外一位女士距离男士 2.4 m。心理学家想借此研究距离与好感之间的联系。结果发现，男士对距离自己较近的女士更有好感，该女士也同样对这位男士产生了好感。美国的另外一位心理学家曾对公寓住户的关系与距离之间的联系进行了调查。结果发现，住得越近的邻居，关系越好。不仅在同一楼层存在这种现象，即使在两层楼之间，也是离得最近的邻居关系最好。由此可见，个体对距离较近的人往往更易产生好感，这种现象被称为"亲近效应"。

仅仅通过增加接触的频率、拉近彼此间的距离，便能有效增进双方的好感。而一旦进入相互了解的阶段，这种好感往往会进一步加深。心理学中将这一规律概括为"熟知性法则"。例如，一个办公室的同事，由于每天都在一起工作，彼此渐渐熟悉起来，对"他喜欢吃什么""她不擅长做什么"等都有所了解，个人兴趣、爱好、特长、生活方式等各种信息都不再是秘密。如此相互了解之后，彼此之间就很容易产生好感。

依据熟知性法则，当你的恋爱对象与潜在的情敌每日共处同一工作、学习环境时，情况便显得尤为棘手。面对此类状况，最佳策略是尽可能多地腾出时间陪伴在恋人身旁，并深入交流，以便对方能更全面地了解你。

3. 自我告白

如果想拉近彼此的心理距离，还有一个方法，那就是与对方交流时，适当地分享一些个人的私密话题或秘密，以增进彼此间的信任与了解。当对方了解了你的一些秘密，尤其是当他(她)知道这些秘密你从未向任何人提及时，对方对你的亲切感会立刻升温。这就叫作"自我告白"。

根据心理学的研究，当人接受了对方的自我告白后，很容易对对方产生好感。不过，有不少人也许不太愿意跟别人讲起自己的秘密或谈及隐私性话题，这也许是因为他们担心会招致讨厌。其实，结果往往恰好相反。性格内向、腼腆的人，一般不太善于自我告白，会把很多秘密藏在心里。如果能够学会自我告白，不仅可以减轻因积压太多秘密而带来的心理压力，还能赢得别人的好感，说不准还能收获美好的爱情呢。因此，对于那些我们信任的人，还是敞开心扉、大胆讲出你的心里话吧！

心里的秘密、过去的糗事、曾经生过的疾病……向对方进行较为深入的自我告白，再加上"熟知性法则"的效果，能使两个人之间的关系变得更加亲密。不过，进行自我告白的时机一定要把握好。如果两个人的交往还不多，就进行很深入的自我告白，大多时候恐怕只会适得其反。比如，对于刚认识没多久的朋友，就告诉人家一个具有冲击性的秘密，那非把人吓跑不可。所以，自我告白，也是由浅入深、循序渐进比较好。

当我们把心里话说给对方听时，对方会产生一种要进行同等程度自我告白的心理。这就是"自我告白的回报性"。两个人通过相互的自我告白，彼此共享了各自的秘密和隐私，由此形成的亲密关系可想而知。

4. 寻找共通的地方

我们对趣味相投或生活方式相似的人容易产生好感，这也是我们人类的心理特征之一。当你有了心上人，可以先打听一下对方的兴趣爱好、喜欢的事物或食物等。假如其中有和自己共通的地方，那不妨在他(她)面前多多提及你们共通的兴趣爱好，有可能的话还可以一起分享这些兴趣爱好带来的快乐。除兴趣爱好之外，相同的出生地也是拉近彼此心理距离的一个强有力因素。

当个体发现与对方存在相似性或共通点时，往往会产生一种安心和亲近的情感，这使他们更容易打开心扉。这种"类似性因素"是拉近心理距离的一个极为有利的条件。可是，如果自己和心上人没有类似的地方，又该怎么办呢？其实也很简单，"爱屋及乌"，你可以试着去喜欢他(她)喜欢的东西。当两个人有共同爱好时，就会有说不尽的话题，而且在享受共同爱好的同时，也享受了一起度过的美好时光，彼此之间的心理距离也就自然而然地拉近了。

此外，与类似性因素的个数相比，类似点的深入程度更加重要。例如，假设有两个人，他们的共同爱好有看电影、体育运动、读小说等十个，但每一种爱好的相似程度都不大；还有两个人，他们的共通爱好只有一个，就是看电影，而且单单只喜欢看法国导演吕克·贝松的电影。很明显，后两个人之间的好感度会高于前两个人。特别是当自己的某种兴趣爱好平日里根本得不到周围人的认可，从别人眼里看到的都是不屑一顾的眼神时，如果此时出现一个人竟然也热衷于这种兴趣爱好，那么我们就会感觉自己得到了认同，心情会无比快乐。对于给予我们快乐的人，我们自然会产生好感。

因此，对于心上人，你可以有意地寻找他(她)不被人认可、不受关注的爱好，然后给他(她)支持、鼓励，并和他(她)一起享受这种兴趣爱好带来的乐趣。这样做保准能拉近彼此的心理距离。

5. 不停赞美

想和心上人拉近距离，赞美也是一个不错的方法。而且，不光是赞美，还要不停赞美。在人的心里，都希望自己的行为能够得到认可、受到赞扬，这就是一种"自我肯定欲求"。因此，面对别人的赞美，虽然有时明知是巴结、奉承，但心里依然非常高兴。而且，对于满足自己"自我肯定欲求"的人，我们容易产生好感。"赞美"这种行为，不管是对赞美的人，还是被赞美的人，都只有好处没有坏处。

　　不过，想让自己的赞美有效果，最好不要刚认识就把人家吹捧上天。接触几次后再真心地发表你的赞美，这才是适当、得体的做法。刚一见面就一顿赞美的话，不仅效果微弱，搞不好还会被对方认为是"不可靠的人"。因此，在与初识之人交往时，务必谨慎表达赞美之情。若确实想在初识当日传达赞美之意，建议在分别之际或之后，通过短信、邮件等简洁方式表达，牢记：过犹不及。

　　此外，当我们赞美一个人的时候，对方常会谦虚地否定一下。比如，我赞叹道："您的见解真是独到。"对方却谦虚地回应："哪里哪里，我也只是随意猜测罢了。"这时，我采用了否定之否定的策略，反驳道："绝无可能！我肯定想不到。"这样的回应方式颇为奏效。如果对方否定了我们的赞美，而我们没及时接一句，那么可能一切的努力都将白费。

　　有时，我们实在找不出溢美之词该怎么办？我教您一个窍门。在与女性交流时，我们可以赞美其"眼睛美丽"或"举止娴雅"，抑或是"饰品与服饰相得益彰"等，赞美她们的外表；如果是与男性交流，则可以赞美他们的内涵，如"你真幽默""真有学识"等。

【网文精选】对象真的是精挑细选出来的吗？

二、恋爱中的性别差异

　　两性择偶观在近几年已经成为引起广泛讨论的社会热门话题。2010年江苏卫视《非诚勿扰》节目中出现的"宁愿坐在宝马里哭，也不愿坐在自行车上笑"的择偶观着实令人咋舌。那么，为何在择偶过程中，人们会形成这些特定的观念呢？鉴于差异繁殖是驱动进化过程的核心力量，与繁殖紧密相关的心理机制自然成为选择过程中尤为关键且强有力的目标。这一部分我们将基于进化心理学的研究及其所得到的结论介绍男女的择偶策略。

　　进化心理学是一种研究人类行为和心理机制的心理学分支，它试图解释为什么人类在特定情境下会产生特定的行为和心理倾向，其中包括择偶偏好。进化心理学认为，人类的择偶偏好可能是在漫长的进化过程中形成的，它可以帮助个体在繁衍后代和适应环境中获得优势。

1. 女性的择偶策略

(1) 对经济资源的偏好。在漫长的进化历程中，雌性动物对于雄性资源的偏好，或许是雌性在选择伴侣时最原始、最普遍的倾向。女性在繁衍后代的过程中需要付出很多，因此选择一个能够提供足够经济资源的配偶能够让女性更有安全感。在不同背景下的研究均证实，择偶条件中，女性对经济条件的重视程度至少是男性的两倍。这一点不仅适用于现有的经济资源，还表现在对好的经济前景的偏好上。

(2) 对高社会地位的偏好。对传统的狩猎采集社会的研究揭示，远古男性已能依据资源多寡来明确划分地位等级。等级性作为人类社会的普遍特性，使得资源多集中在社会高层。因此，社会经济地位成了跨文化背景下女性择偶的另一个重要指标。远古女性倾向于选择地位较高的男性，这在一定程度上有助于解决资源获取的适应性问题。现代女性则继承了这一择偶偏好。

(3) 对年长男性的偏好。男性年龄同样是揭示其资源多寡的关键线索。在人类社会中，青少年与年轻人往往难以企及成熟男性所拥有的声望与地位，因此，年龄在一定程度上反映了男性的社会资源和地位。一项跨文化研究表明，女性都偏好年长的男性，平均而言，女性偏爱年长约 3 岁半的男性。虽然男性的经济实力通常在其四五十岁时达到巅峰，但年长男性死亡的风险更大。综合这些原因，年轻女性往往更倾向于选择那些年长自己几岁且具备发展潜力的男性。

(4) 对抱负和勤奋的偏好。人们怎样在日常生活中获得成功？在所有策略中，努力工作是评估过去及未来收入和晋升机会的最有效指标。女性更会选择有抱负、有事业心、勤奋上进的男性，因为这些优秀的品质是女性能够持续不断获得资源的可靠指标，能够让女性更多地感受到可靠、信赖和稳定，也有助于感情的积累和幸福感的提升。

(5) 对可靠性和稳定性的偏好。在择偶的跨文化研究所评估的 18 种品质中，爱情无疑占据首要地位，紧随其后的是可靠性和情绪稳定性或成熟性。这些品质之所以对全球女性至关重要，原因在于：第一，它们为资源的持续供应提供了可靠的标志；第二，缺乏信任或情绪不稳定的男性可能给配偶带来情绪波动和冲突不断的负担。

(6) 对运动能力的偏好。女性在选择伴侣时，往往偏好那些展现出魁梧、力量、良好身体素质和运动技能的男性，这些特征都是判断他们能否提供保护的线索。研究证据表明，女性的择偶偏好确实与这些线索相吻合。在人类进化的过程中，身体上的保护是男性为女性提供的最重要支持之一。诸如身高、肩宽以及上身肌肉等身体结构特点，不仅对女性具有性吸引力，同时也对其他男性构成威慑。

(7) 对健康和外貌的偏好。对于我们的祖先而言，与身体欠佳的伴侣共同生活无疑会带来诸多适应性风险，因此不难理解，为什么男女都十分重视未来配偶的健康问题。面孔与身体的对称性，作为一条关键的健康线索，能够有效地反映出个体在应对环境和遗传应激源时的能力。另一个健康线索可能是肌肉特征。健康的体魄能带来诸多益处，包括延长寿命、确保稳定的物质供给、降低患病风险，以及为后代传承更优质的基因。

(8) 对爱情与承诺的偏好。长久以来，女性在择偶过程中面临着一个重要的适应性挑战：她们不仅需要挑选出拥有生活必需资源的男性，还要确保这些男性愿意为她及子女做出资源承诺。这一挑战或许比我们表面看到的更为复杂，因为资源是直观可见的，而承诺却难以捉摸。为了确保承诺的可靠性，女性可能需要寻找能够预示未来忠诚度的线索，而爱情正是这些关键线索之一。

(9) 对愿意为子女投资的人的偏好。这一问题至关重要，原因在于男性有时倾向于追求多样的性关系，更可能将资源投入到其他女性而非子女身上。此外，男性在评估自己是否为孩子生父的过程中，由于亲子关系的不确定性，他们可能会对自己的投入保持谨慎。这两个因素共同导致了男性为孩子投资的意愿存在显著差异，进而推动了女性在进化过程中形成特定的择偶偏好。

2. 男性的择偶策略

(1) 对年轻的偏好。巴斯的研究涵盖了 37 种文化，结果显示，更多男性倾向于选择比自己年轻的女性作为伴侣。年轻之所以成为关键的择偶线索，是因为根据相关资料，女性一旦超过 20 岁，其繁殖价值便会随着年龄逐渐降低；特别是步入 40 岁之后，繁殖价值更是显著下降。从进化心理学的角度而言，男性的择偶偏好正是针对这一点形成的，男性之所以倾向于选择年轻的女性作为伴侣，是因为年轻与较高的生殖力以及更大的生育潜力紧密相关。

(2) 对外貌美的评价标准。根据进化论的逻辑，我们可以更有效地对美的一般标准做出一系列精准的预测，因为身体和行为的线索提供了女性繁殖价值的最有效的观察证据，远古男性所进化出的就是对拥有这些线索的女性的偏好。以下是进化心理学家发现的几条普遍的外貌美的线索：年轻的迹象，如光滑无瑕的肌肤；健康的标志，如身上无疤痕和感染以及"平均"的或对称的脸。

(3) 对体型胖瘦与严格腰臀比率的偏好。尽管不同文化背景下的男性对体型的偏好有所差异，但心理学家普遍发现，男性对女性的腰臀比率持有特别的偏好。众多证据表明，腰臀比率是评估女性生育能力的准确指标之一。具体来说，较低的腰臀比率往往表明女性的青春期内分泌活动较早；相比之下，腰臀比率较高的女性在婚后怀孕的难度通常较大。研究证实，腰臀比率为 0.7 的女性比腰臀比率为 0.8 的女性更容易被男性评价为有吸引力。

(4) 外貌重要性的性别差异。在择偶过程中，性魅力和外貌吸引力对男性的重要性远超女性。男性通常将性魅力视为择偶的关键因素，而女性虽然认为它令人愉悦，但并非决定性的要素。尽管时代在变，评价性魅力重要性的这种性别差异却一直没什么变化。男性对性魅力的偏好似乎是一种超越文化的普遍心理机制。

(5) 对贞洁的偏好。一项跨代择偶的研究表明，时至今日，至少在美国，男性似乎比女性更重视婚前贞洁这一品质。这一现象被解释为是男性应对父子关系不确定性的一个有效策略。在 20 世纪 30 年代，男性几乎把贞洁看作是至关重要的，但随着社会的发展，这种重视程度有所下降。

需要注意的是，进化心理学虽然提供了一种解释择偶偏好的角度，但它并不是唯一的解释，这种解释随着研究的不断深入可能会得到更多的证据，也有可能会受到质疑甚至有一天被证伪。人类的行为和心理是受多种因素综合影响的结果，包括生物学、文化、社会环境等。因此，在讨论择偶偏好时，应该综合考虑不同的观点和因素。此外，进化心理学的解释是针对群体而言的，而每个人都是独一无二的个体，个体的行为并不能与对群体行为的描述一一对应或对号入座。

【成长练习】你心中的 TA

你心中或许有一个朦胧的身影，又或许这个身影正在慢慢变得清晰。那么，你心中期望的 TA 是什么样子呢？请你按顺序写下你想象中的 TA 应具备的五项特征。

1. _____

2. _____
3. _____
4. _____
5. _____

三、恋爱中的心理学效应

在古今中外的爱情故事中，我们看到过许多令人无法理解的事情。比如，为什么年轻帅气的勃朗宁独爱因坠马瘫痪的伊丽莎白·巴莱特？为什么大多数人心中初恋情人都是那么完美、那么令人难忘？为什么有些长相很普通的人在恋人眼里却非常有魅力？这些谜题的答案或许都能够在心理学中找到依据。

1. 契可尼效应：得不到的真的就是最好的吗？

几米的漫画曾经描述过这样的画面：摘不到的星星总是最亮的，溜掉的小鱼是最漂亮的，错过的电影是最好看的，而错过的情人是最懂自己的。在人们的心里，好像得不到的东西永远是最好的。那么，究竟为什么会产生这种现象呢？

西方知名心理学家契可尼对此进行了大量实验，结果揭示了一个有趣的现象：人们往往容易忘记那些已经完成或已有结果的事情，却能对未完成的事务保持深刻记忆。这一现象被称为"契可尼效应"。

而与契可尼效应经常联系在一起的就是初恋。在每个人心中，初恋都是神圣不可侵犯的，初恋的对象可以说是我们一生中遇到的最美好的人。很多人心中都有一段刻骨铭心的初恋，不管是甜蜜的还是悲伤的，都很难忘记。而初恋之所以难忘，往往有很多原因，我们可以从心理学角度来进行分析。

(1) 初恋中的距离体验。

一个人到了青春期，自然而然会有性意识的萌动，也会对异性产生爱慕心理。然而，这个时期的青年男女往往比较单纯、简单，他们的恋爱只限于牵牵手而已，而这种距离感在以后的恋爱中很难再遇见，所以一般初恋都是让人记忆深刻的。

(2) 契可尼效应。

"契可尼效应"是指人们总是对自己没有完成的事情记忆深刻。打个比方，比如你在考试中需要答 5 道题，若其中 4 道题都答得尽善尽美，唯独剩一道题未完成。当考试结束，你走出考场，与同学们交流答案时，发现自己做的 4 道题均准确无误。自那以后，那未完成的一题就成为你心头挥之不去的记忆，而那正确的 4 题却逐渐被你淡忘。

同样的道理，没有结果的初恋，也是一种"没有完成的事情"，而这也是初恋令人难以忘怀的第二个原因。

2. 晕轮效应：爱人眼里，恋人都堪比西施

在生活中，我们常常会发现这样的现象：一个条件很好的男人找了一个看上去一般的恋人，但是他自己还经常夸自己的恋人美若天仙。在热恋中，人们往往会认为恋人的一切

都是好的，甚至连对方出的汗都是香的，所谓的"情人眼里出西施"说的正是这种现象。那么，为什么同一个人，在不同人的眼中会有这么大的差别呢？

在心理学中，有一个著名的定律叫作"晕轮效应"。晕轮效应是说对一个人的评价首先是根据自己的好恶来判断的，然后再根据这一点来判断其他方面的好坏。也就是说，如果你认为这个人是好人，那么你在看他任何一个方面的时候都会自然而然地认为那个方面也是好的。

著名心理学家戴恩曾做过这样一个实验：他让参加实验的人看不同人的照片。而这些照片中的人有些很漂亮，有些不漂亮。看过之后，他让参加实验的人说出对照片上的人的评价，包括性格和学历。结果发现，参加实验的人对长相俊美的人的评价都很高。众所周知，长相与性格和学历没有多大的关系，但是那些参加实验的人在面对长相俊美的人时，自然而然地就认为他们是性格温和、学历高的人。

晕轮效应可以促成一份爱情，也能毁灭一份爱情。正如著名文学家普希金的婚姻，他只是看到了妻子的美貌，就认定他的妻子是个优秀的人，以至于后来因为妻子出轨而与人决斗并最终不幸身亡。所以，在遇到爱情的时候，不能被"晕轮效应"所左右，要全面地看待对方。只有这样，才有可能获得理性和完美的爱情。

3. 吊桥效应：危险环境中迸发爱情火花

男人们喜欢带着自己心仪的女性去看恐怖片、去鬼屋。在这个过程中，男性通常会很享受女性对他们的依赖与信任，在这样的环境下，女性往往也很容易喜欢上身边的男性，这就是著名的吊桥效应，又称吊桥理论。吊桥理论能够科学地解释为什么当一个人处在危险的环境中时，如果有一位异性为其解围，那么他便会对这位异性产生好感，就像在生活或者影视剧中，我们常常见到的因英雄救美而喜结良缘的故事。

为什么会出现这样的结果呢？事实上，人在面对危险的时候，心跳往往会加速，这种生理反应与恋爱时的心跳加速颇为相似。因此，人们很容易将这种心跳加速的感觉误认为是恋爱的情感，这正是吊桥效应所依托的生理学基础。也就是说，如果善于利用这样的心理，就会很容易取得异性的爱慕。

著名文学作品《巴黎圣母院》中就有英雄救美这一桥段：在愚人节那一天，人们都在巴黎圣母院前的广场上欢歌热舞，包括美丽的少女艾斯美拉达。然而，当艾斯美拉达离开巴黎圣母院的广场时，不幸遭遇了打劫。正在此时，年轻英俊的皇家卫队队长弗比斯出现了，并救了艾斯美拉达。因此，艾斯美拉达便爱上了一表人才的弗比斯。

由此可见，英雄救美很容易令被救人对另一方产生好感，进而迸发出爱情火花。也就是说，人们在处于危险环境中的时候，通常会心跳加速、呼吸急促，产生心悸的感受，而这时在看到异性以后，就会自发地将这种感受看作是面对异性的反应，并告诉自己对这位异性有心动的感觉，从而产生爱情心理。

4. 杜根定律：自信能让皇后比白雪公主还漂亮吗？

在童话故事中，白雪公主是世界上最美丽的人，而王后永远都超不过她。为了达到自己的目的，王后一次又一次地启动"谋杀计划"。当然，心术不正的人，到最后往往会受到现实的惩罚。实际上，如果有人把杜根定律介绍给王后的话，那么最后的结局或者就会是另外一番模样了。

杜根定律的提出者是美国职业橄榄球联会前主席杜根。按照他的说法，强者不一定就是胜利者，但胜利迟早都是属于有信心的人的。这一理论在王后身上得到了很好的诠释。不难发现，其实阻止王后成为"世界上最美丽女人"的，是她自己。如果她能够拥有一个良好的心态，时刻保持自信，那么她完全是有希望超越白雪公主，成为世界头号美女的。

出生于1954年的美国著名脱口秀节目主持人奥普拉·温弗瑞就是一个因为自信而魅力四射的典范。单纯从外形上来看，奥普拉甚至可以说是"糟糕"的，她那臃肿的身材和传统美女相去甚远。但是毫无疑问，这个在美国各级电视频道上活跃了数十年的超级偶像，早已成为众多男人的梦中情人。能够从一名貌不惊人的"丑小鸭"转型成为令诸多男人魂牵梦萦的"大美女"，自信心起到了关键的作用。

如果皇后没有魔镜，只是拥有一面普通的镜子，那么她是否能自信地站在镜子前，真正清楚地认识自己呢？当然，答案是肯定的。只有正确看待自身具备的条件，才能更好地运用，从而使自己处于优势地位，并发挥出自身的魅力和特长，让别人看到更加闪耀靓丽的自己。另外，对于自身的缺点也没必要遮掩，因为缺点也有可爱的地方，正所谓"人无完人"，任何人都会有自己的缺点，哪怕是再伟大的人，也都会有缺点。所以让别人看到真正的自我，不光只看到优点，也包括缺点，看到全部的自己、真实的自己。

5．古德曼定律：爱 TA 就请听 TA 说

很久很久以前，遥远的国度曾有使者携三个形态相同、外观一模一样的小金人前来中国朝贡。这些小金人工艺精湛、色泽璀璨，堪称稀世珍宝，皇帝对此极为欣喜。然而，使者们却提出了一个难题：这三个小金人中，哪一个最具价值？

面对这个问题，皇帝尝试了各种方法，从重量到工艺，均无法区分三者之间的差异。使者们不禁嘲笑道："泱泱大国，竟然连这么小的一个问题都无人能够答出。"这时，有一位大臣说他有办法鉴别出来。于是，皇帝便把他与使者们一起召到了大殿之上。大臣通过往金人耳朵里插入稻草的方式进行了测试。稻草从第一个金人的另一侧耳朵穿出，从第二个金人的口中穿出，而第三个金人则让稻草深入其腹。由此，大臣断定，第三个金人最为珍贵。这时候，使者们全部默然无言，显然大臣的答案是准确的。此事后来演化为"没有沉默就没有沟通"这一谚语，即心理学中著名的古德曼定律。

在恋爱过程中，你是否曾有过这样的体验：随着时间的推移，与伴侣的关系似乎渐行渐远，彼此间的快乐逐渐消逝，对伴侣的了解也日益减少。这种变化，常常伴随着矛盾的累积，使得原本美好的爱情逐渐变质，最终走向分离。其实，这一切的根源往往在于双方的沟通不畅。因此，在恋爱中，我们应当遵循古德曼定律，适时地选择沉默，真正学会倾听伴侣的心声。

爱的使者丘比特曾向爱神阿弗洛狄特探求爱的真谛："爱(love)的意义是什么？"阿弗洛狄忒回应道："爱的含义实则质朴而深刻，其中，'L'象征着Listen，即倾听；'O'代表着Obligate，意为义务；'V'则寓意Value，即价值；'E'则指Excuse，即宽恕。"倾听作为爱的首字母，其重要性不言而喻。阿弗洛狄忒进一步阐释，真正的爱，需要我们用心去聆听对方的需求，并尽力去满足。只有当我们真正聆听对方的心声时，才能深入了解伴

侣的内心世界，这样爱情才能长久维系。

第三节　爱情的烦恼

爱情固然是美好的，但爱情中也有很多不可避免的烦恼。恋爱中的人必须承认这一点：亲密关系虽然甜美，但却并不总是美好的。唯有如此，才有可能找到真爱。

一、面包重要还是爱情重要

琳达和珍妮，是一对要好的朋友。跟所有女孩一样，她俩在一起时也常常会聊起各自心中的白马王子。

琳达坚信："我心中的理想伴侣需拥有丰厚的财富，能够赠予我宽敞的别墅、豪华的名车，并能随时伴我游历巴黎、纽约，尽享购物之乐。尽管我并非贪财之人，但在当今时代与社会背景下，金钱的可靠性似乎远超爱情。"她深信，每位女性均有权利通过爱情与婚姻改写自身命运。

然而，尽管琳达与珍妮是知己，但珍妮的观念却与琳达截然不同。她认为："我理想中的伴侣应英俊潇洒、浪漫温柔，与我心灵相通，仅需一个眼神，他便能领悟我的心意。他必须忠诚专一，对我始终不渝。至于金钱，我坚信真爱无须附加条件，即使他一无所有，我亦能与他共享幸福。"

就这样，几年后，两个人在各自的爱情路上终于心想事成了。琳达步入了与富豪的婚姻殿堂，而珍妮则与一位文艺青年共结连理。然而，琳达在婚后逐渐认识到，金钱无法替代爱情，她的生活并未如她所愿般幸福。珍妮的伴侣虽说没有多少资产，但是两个人却爱得如胶似漆，可惜，迫于生活的物质压力，两个人的隔阂越来越深，婚后第二年就离婚了。这次婚姻的失败使珍妮深刻领悟到：爱情无法脱离物质基础的支撑。

一定有人问过你："你是要面包，还是要爱情？"当然，无论你的回答是面包，还是爱情，你一定是基于当前你所拥有的东西来回答的。

如果你已经拥有了面包，自然体会不到没有面包的滋味，也一定会义无反顾地觉得为了寻求爱情而放弃面包是可行的。与之相反，如果你没有面包，自然期望改变，更期望在过上拥有很多面包的生活的同时，还能够拥有一份美好的爱情。甚至，面包的价值，会超越爱情，成为你追寻的主线。

现实生活中，诸多女性对于爱情的憧憬往往充斥着浓厚的理想色彩，然而，这种过高的期望往往会催生两种截然不同的极端观念：一是深信金钱至上，坚信财富能够带来幸福，甚至能够替代爱情带来的满足感；二是信奉爱情至上，坚持只要爱情不要面包。其实面包与爱情，从来都不是孤立的。

爱情，作为人类源自内心的情感渴求，它体现为心灵的交融与共鸣。真挚的爱情纯净无瑕，不掺杂任何世俗的杂质与附加条件，它是无法单凭物质条件加以替代的深刻情感体验与需求。

但是我们身处的是一个现实的世界，生存无疑是我们最基础的需求。显然，爱情并非生活的全部，它无法涵盖人们所有的生活需求，亦无法替代金钱在日常生活中所扮演的重要角色。所以，有爱情没有面包，听上去固然美好清高，但是当你将所有激情都融入柴米油盐的精打细算中时，谁能保证自己将来依然会爱另一半爱到无所谓。

然而，只有面包没有爱情的生活就像一朵永远见不着阳光的花朵，永远得不到露水的滋润。每天和自己一起吃饭睡觉的那个人就像是最熟悉的陌生人，生活在心中似乎真的就只是活下去。

在两性关系中，我们不应因感情需求而盲目，亦不应因物质需求而过分现实。要深知，生活的美满与幸福源于情感与物质的平衡。金钱无法替代爱情，爱情亦不能替代金钱，爱情与物质并存，才能构成完美的生活画卷。

二、嫉妒是爱的另类表达

阿弗洛狄特(维纳斯)是美的女神，总是有拿着镜子的侍女随从，每次她移动脚步，都能够从镜子中欣赏到自己的美貌。当然这一切都是发生在普赛克出生之前的事。

在晨露中诞生的普赛克是希腊某个王国的三公主。因为长相美丽，人们都称赞"普赛克是维纳斯转世投胎"。但是没有男人向普赛克求婚，只是崇拜她而已，这让国王和王妃非常担心，于是他们前去参拜阿佛洛狄特的神殿。

女神得知人间还有这么美貌的女子后，嫉妒心生起，当即用神谕指示普赛克将会和死亡结婚。可怜的公主只能被捆绑在山顶的岩石上，等待死亡的命运。

阿佛洛狄特的儿子厄洛斯(丘比特)接到命令后，前去刺杀普赛克。然而厄洛斯对美貌的普赛克一见钟情，于是带着她逃到了乐园。厄洛斯嘱咐普赛克，两人只能在看不见彼此的黑暗中才能见面相爱。

然而，妨碍他俩相爱的不是别人，正是普赛克的两个姐姐。看到妹妹生活在如此美好的地方，心生嫉妒的两个姐姐在妹妹的心中点燃了一簇疑心的火苗。她们对妹妹普塞克说，她的丈夫厄洛斯说不定是一头怪物，并且怂恿她在厄洛斯睡着时偷偷点灯去确认一下。

结果，普赛克看到了丈夫厄洛斯的脸，但因此也遭到了厄洛斯的抛弃。可怜的普赛克为了找回厄洛斯，四处求助众神，但都遭到了拒绝。

最后普赛克找到阿佛洛狄特，阿佛洛狄特对她提出了四个绝对无法完成的任务。但是在蚂蚁、河神、老鹰以及高塔的帮助下，普赛克一一完成了任务，最终让阿佛洛狄特无话可说。这之后，普赛克在宙斯的帮助下成为女神并找回了厄洛斯。

莎士比亚说过："每当你开始一段爱情，这个'绿眼睛的怪物'(妒忌)便无时无刻不盘踞在你的心中，无论你是爱得神魂颠倒，还是不十分投入，甚至你并不怎么喜欢对方。"的确，嫉妒——占有、猜忌、怒火与耻辱的综合体，会让你瞬间失去理智，每当你想起那个"情敌"，强烈的威胁感便会像狂风骤雨一般向你袭来。

让我们假设一下，你的另一半一提起某个女同事就兴奋不已，他的眼睛总在你闺蜜身上停留太久……遇到类似情节，你的嫉妒心是不是一点就着？可是当我们坠入爱河时，为什么嫉妒心会跳出来，打乱了相爱的步伐呢？

心理学家常常将嫉妒看作心理问题的信号。阿弗洛狄特嫉妒的根源就在于过分扭曲的"自恋"。对于缺乏自信又胆小畏缩的人来说，适度的自恋有一定的疗效。但是如果过分自恋，就会成为一种疾病。这样的人要么喜欢时不时地照镜子，过于自负地认为"我最棒"，逐渐认为其他人都微不足道；要么因为担心出现比自己更漂亮的人而提心吊胆，所以人们越是称赞普赛克，阿弗洛狄特就越是妒火中烧。

很显然，后一种类型的人和那些陷入自我陶醉而变得目中无人的人相比，会更容易产生危机感，他们的生活会更加不幸。实际上，嫉妒之人的心中可以说是充满了自卑感。因为他们对自己的评价往往来源于外界环境，所以这种嫉妒心会随时随地产生，比如自己的伴侣夸了别人两句，他/她就会立马对自己的定位产生怀疑，嫉妒情绪便强烈起来。更糟糕的是，愤怒有时可能演变为暴力行为。相关统计数据显示，美国有高达13%的谋杀案件是由配偶之间的一方杀害另一方导致的。在这些案件中，嫉妒往往是最为常见的动机之一。

嫉妒是助燃剂还是爆点？纵观人类的爱情史，我们会惊讶地发现，嫉妒有时也是件好事。也许你只是被街上的路人多看了几眼，而在你男友的想象中你也已"回看"了好几眼，他便会在性爱中萌生"把你制服"的冲动。当你发现别的女人同你的男人调情，难道不会心生妒火，从而将你最好的一面展现在他的面前，让你们的爱情之火烧得更炽烈？如此说来，一些小吃醋反倒成了伴侣之间的调剂品。

那么，当嫉妒的情绪令你痛苦万分的时候，我们又该怎么办呢？首先，弄清楚对方是不是真的在欺骗你。如果你确定无疑的话，那么你面对的就是完全不同的问题了：你要认真考虑一下是否要结束这段感情。但是如果你发现自己是在窥视他的生活，或者偷读他的邮件，那就赶紧停止吧。这些举动只会让你自损身价。你完全可以坦诚地告诉他，你正试图控制自己的怀疑情绪，而你也非常需要他来帮助你完成。

三、在爱情与背叛之间

泰勒刚失恋一个月，经朋友介绍认识了吉姆。他的幽默风趣让泰勒的心有了瞬间活过来的感觉。他们顺理成章地恋爱了。和所有的女人一样，泰勒像公主一样被吉姆宠爱着。和他在一起，她感觉很幸福很开心。

正当泰勒全身心沉浸在美好的爱情之中，准备谈婚论嫁的时候，吉姆的前任出现了。那一天，她在吉姆的手机上突然看到一条前女友的短信，她就什么都知道了。

当天晚上，泰勒、吉姆，以及他的前女友三个人见了面。吉姆居然背着泰勒和他前女友发生了关系，去开了几次房，而这些他也已经承认了。据吉姆的前女友说，他一直骗她，说他和泰勒已经分手了。

实际上，泰勒和吉姆天天在一起，他的所作所为都让她觉得他是值得信任的，她也从来不去检查他的手机，他还开玩笑说怎么不检查他的手机，一点都不吃他的醋，反而是吉姆经常翻看泰勒的手机。而且吉姆也从来没在泰勒面前偷偷摸摸接电话或者发信息，从来都是很坦然，而且泰勒还可以听到对方的声音，他从不会遮掩。

现在，泰勒一点也不知道该怎么去面对情感的背叛和失去。她似乎已经习惯有吉姆在自己身边，就像爸爸一样对她好。她不知道自己是否该原谅他，她觉得自己现在对爱情都不怎么相信了，对人也不怎么信任了。

在爱情里，几乎所有的女人都期待有一个全心全意爱着自己的王子从天而降，尽情撒娇也不必担心他会离开，好似没有明天的忧愁，最终王子和公主过上了幸福的日子……可有时，偏偏事与愿违。人们的行为并不总是符合他人的期望或预设。在某些情况下，即便是亲密的伴侣也可能做出一些具有伤害性的行为，有悖于我们对知己的期望。

很显然，吉姆的行为就是背叛，他对泰勒做出了"令她不愉快的、伤害性的行为"。当我们受到亲密伴侣的伤害时，我们会深感痛苦地认识到，伴侣不再像过去(或我们所认为的)那样对我们充满爱意、尊重与接纳，这让我们怀疑他们是否真正珍视我们之间的关系，甚至质疑他们是否做出了符合我们期待的行为。与一般的朋友或熟人相比，这种来自我们深深信赖的亲密伴侣的背叛，无疑更为彻底，其带来的伤害也更为深重。

实际上，在日常生活中，我们的情感往往容易受到伤害，而这些伤害往往来自我们最亲密的朋友或伴侣。值得庆幸的是，伴侣们很少会故意做出伤害我们的行为，因为想象着爱人被伤害总是让人倍感痛苦。然而，尽管如此，他们仍然时常让我们感到失望。更为可悲的是，在亲密关系中，几乎每个人都曾背叛过伴侣，同时也遭受过伴侣的背叛。这种背叛可能表现为泄露伴侣的秘密、在背后说坏话、违背重要承诺、不支持伴侣、在别处花费过多时间，或是简单地放弃一段关系等。这些行为，无论大小，都可能被视为某种形式的背叛。

那么，面对背叛，我们该如何应对呢？毫无疑问，接受背叛是一项艰巨的任务。若背叛行为是当场被揭露或由他人告知，相较于伴侣主动承认错误，其对关系的破坏力往往更为严重。然而，不论背叛是如何被发现的，它都会对两性关系的品质造成一定程度的负面影响。

当被背叛阴影笼罩之时，采取某些应对策略显然要比一味地委屈、怨恨好很多。比如说，我们应当直面背叛，而非选择逃避或否认其存在。我们可以尝试以积极的心态重新诠释这一事件，将其视为个人成长道路上的一次宝贵历练。同时，我们应积极寻求朋友的帮助与支持，以减少因背叛而产生的焦虑情绪。值得注意的是，女性在这一方面往往展现出更为积极有效的应对方式，她们更倾向于主动寻求帮助，并以更为积极的态度去思考和应对所面临的困境。而男性则情愿选择依靠药物或酒精来麻痹痛苦，以减轻烦恼。既然爱情的背叛有很多种，那么就会有可以被原谅的，也会有无法被原谅的。当一个人经历了一次痛苦的背叛，而双方的关系仍需继续时，原谅便成为了必要的选择。诚然，原谅并非易事，需要付出巨大的努力。然而，在某些情境下，获得原谅会变得更加可能。首先，道歉是至关重要的。如果背叛者能够承认错误并真心诚意地道歉，受害者则更有可能选择原谅。相反，若背叛者只是敷衍了事，道歉缺乏真诚，或仅仅要求理解和宽恕，那么受到原谅的可能性便大打折扣。其次，受害者的共情能力也影响着原谅的可能性。若受害者能够设身处地地理解伴侣的行为动机，并对伴侣保持一定程度的同情，他们则更有可能原谅伴侣的过错。相较于缺乏共情能力的人，这样的受害者更容易做出原谅的选择。幸运的是，在亲密且充满承诺的关系中，原谅的可能性更大。一方面，这样的关系更容易催生共情，使双方更容易理解彼此。另一方面，背叛者在这种关系中也更容易表达真诚的道歉。然而，我们必须意识到，在亲密关系中背叛所带来的伤害往往比在其他关系中更为深重。

四、失恋真的会令人心碎

没有谁能保证爱情不染上尘埃，也没有谁能保证每一份爱情都能天长地久。失恋也许是每个人都会经历的一个成长过程。可是，一提到失恋，不免让我们痛苦，让我们委屈得想痛哭，让我们失去一切欲望。更甚者，有些人还会说出"我的心都要碎了"这样的话。这究竟是怎么回事？尽管失恋是一件痛苦万分的事，但失恋了，真的会心碎吗？

24岁的乔治体会到了。在情人节即将到来之际，他遭遇了失恋之痛。他深受打击，连续两天躺在床上，茶饭不思。随后，他感到心口剧烈疼痛，几乎无法呼吸，家人见状立即将他送往医院救治。经过一系列的相关检查，医生在他的诊断书上写下这样几个字——"破碎之心综合征"。

原来，失恋了，心真的会碎。当经历失恋或遭遇深重的情感创伤后，人们确实可能会体验到心灵深处的痛苦，这种情感状态常被形象地称为"破碎之心综合征"。在这一状态下，患者可能会出现胸口疼痛、呼吸不畅等症状。专业医生给出的解释是：尽管这些症状与急性心肌梗死的临床表现相似，患者会感受到憋气和胸口疼痛，但实际上心脏并未遭受实质性的损害。正是因为这种心痛的感觉如此强烈，仿佛心脏真的碎裂了一般，所以得名"破碎之心综合征"。

失恋为何会导致心口疼痛呢？这背后的原因是，当人体遭遇重大的情感打击时，交感神经会释放出大量的儿茶酚胺和心肌肾上腺素等激素。这些激素的过量分泌会导致心脏心室收缩无力，心尖出现球形改变，进而导致心脏的跳动能力减弱，患者呈现出类似心脏病的症状，包括剧烈的胸痛或呼吸困难等。

一项美国专家的调查发现，在经历失恋的被调查者中，由于承受了极端的情感压力，有三分之二的人出现了不同程度的"破碎之心综合征"症状。其中，五分之一的人情况危急，需要被立即送入急诊室抢救。

值得注意的是，"破碎之心综合征"并非仅局限于失恋者。任何人在经历重大的精神打击(如亲人离世或巨大恐惧)时，都可能出现类似的症状。

其实，"心碎"的感觉并非真正的心脏破碎，经过检查，当事人的心脏通常并无明显器质性病变。这种痛感只是感觉上如同心碎一般。在适当的心理调适和治疗后，"心碎"症状往往会迅速恢复。然而，若对"心碎"置之不理，则可能导致血管痉挛，进而引发心脏骤停、呼吸停止，甚至猝死。

当人们在失恋或经历其他情感打击时，应积极寻求倾诉的途径，甚至可以选择大哭一场来宣泄情绪。有些人试图通过各种方式遗忘痛苦，但往往这些记忆仍深藏在他们心底，这对健康并无益处。当感到极度痛苦时，不妨放声哭泣，让情感得到释放。

美国HeartMath Institute的麦克拉提博士对"情绪健康与身体健康"之间的关系进行了深入研究。研究结果表明，诸如爱、感激和满足等正面情感，能够使神经系统得以放松，减轻内心的压抑感。此外，这些积极情感还能够显著提升人体内各组织的含氧量，其效果类似于康复治疗带来的正面影响。更值得一提的是，心电图检查显示，当人们心怀感激时，脑部和心脏之间会产生同步的电流活动，有助于相关器官更加高效地运转。

然而，如果强行压抑情绪的表达，则可能对生理健康造成严重的危害。这是因为虽然情绪中的声调、表情、动作以及泪液的分泌等可以通过意志进行控制，但心脏活动、血管变化、汗腺反应以及肠胃平滑肌的收缩等却不受主观意志的直接影响。表面上，人们可能看似控制住了情绪，但实际上，这些情绪往往会在体内积聚，对内脏器官造成潜在的损害。因此，当不良情绪产生时，应该通过合适的方式进行排遣和发泄，切勿让情绪积压在心中。

【哲理故事】苏格拉底与失恋者的对话

【扫描学习】微课：恋爱冲突的解决之道

【佳片有约】真爱至上(Love Actually(2003))

电影用十个故事的串烧来探讨爱的真谛，每一个故事都能让人感受幸福的温度。电影里面的爱不仅是情侣之间的爱，也包含亲人之间的爱、同伴之间的爱。电影讲述爱的开始、爱的勇气、爱的放弃、爱的错误、爱的忍耐……这些关于爱的情感，维系着我们的世界。正如电影开始所说：Love actually is around. So did I mention that I love you?

第三章 情绪心理学

【案例导读】 小鹿的情绪之旅

从前有一只可爱的小鹿，他名叫杰克。杰克是森林里一只快乐的小动物，总是跳来跳去，和朋友们玩耍。然而，有一天，杰克突然觉得心情很糟糕，不知道为什么，他变得闷闷不乐，不再像以前那样充满活力。

杰克的朋友们看到他这样，都很担心。狐狸小乐问道："杰克，你怎么了？为什么看起来不开心？"松鼠小花也跑过来，说："是不是发生了什么事情让你难过？"杰克不知道如何回答，他只是摇摇头，示意自己不太想谈。

随着时间的推移，杰克的情绪变得越来越低落，他不再和朋友们一起玩耍，也不再吃东西，整天躲在角落里。看到杰克这样，兔子小白赶紧去找来了大树先生。大树先生是森林里的智者，懂得很多关于情绪的知识。大树先生静静地听完小白的描述后，对杰克说："杰克，不要害怕你的情绪。情绪就像是内心的信号，它们会告诉我们自己的感受。你可以尝试去理解自己的情绪，找出为什么会感到不开心的原因。"

杰克犹豫了一下，然后开始想象自己的情绪是一个彩虹色的气球。他想象着气球里面有各种不同颜色的气体，每一种颜色代表一种情绪，比如红色可能是愤怒，蓝色可能是伤心，绿色可能是羡慕。通过这个方式，杰克开始分辨自己内心的情绪。

渐渐地，杰克发现自己的气球里有很多不同颜色的情绪，有些是快乐的，有些是不开心的。他开始思考自己为什么会感到不开心，终于明白原来是因为他失去了一只重要的玩具，但他却一直没有告诉任何人。

杰克决定去找他的朋友们，告诉他们自己的感受。当他坦诚地和朋友们分享自己的困扰时，朋友们都理解并支持他。大家一起想办法，帮助杰克找回了他的玩具，杰克的心情逐渐好转，他重新恢复了以往的活力和快乐。

这个故事告诉我们，情绪是我们内心的一种表达，我们不应该害怕或忽视它们。当我们感到不开心时，可以像杰克一样，试着理解自己的情绪，找出引发情绪变化的原因，并寻求适当的方式来处理。与朋友、家人分享自己的感受也可以得到支持和帮助，让我们更好地面对情绪，走出阴影，重新找回快乐。

问题思考

(1) 人为什么会有情绪？

(2) 你擅长识别自己的情绪吗?

(3) 你都遭遇过哪些情绪困扰?

(4) 情绪对身心健康的影响有哪些?

(5) 怎样才能成为一个"高情商"的人?

情绪对我们的日常生活非常重要。伟大的思想家马克思曾经指出:"一种美好的心情比十副良药更能解除生理上的疲惫"。苏联杰出的生理学家巴甫洛夫也说过:"愉快的情绪可使人对生命的每一跳动及对生活的每一印象更易感受,可使身体更强健"。良好的情绪可以将我们的生活引向积极与幸福。所以,我们需要了解情绪到底是什么,这样才能更好地与之相处。

第一节　什么是情绪

情绪,作为人类心理活动的一种表现,可以被理解为心灵深处的波动,涵盖了各种感觉、感情和精神上的激动。这一术语广泛地应用于描述那些激烈、振奋人心的心理状态。情绪的体现方式多样,包括:生理层面的变化,例如血液循环加速、心率上升和呼吸变快;主观感受层面的不安等不适感;以及行为表现层面的冲动,比如击打他人或破坏物品。

情绪的基本属性是它们没有绝对的道德判断标准,往往转瞬即逝,并能激励人们采取行动。情绪还具有渲染性,易于被夸大,既可以逐渐累积,又能通过恰当的引导而迅速消散。

人类体验到的情绪种类繁多,它们或是截然不同的,如爱与恨;或是相互交织的,如悲伤与愤怒的复合情绪;或是复杂的情绪混合,难以用言语准确表达。面对如此多变和细腻的情绪世界,语言的表达力显得有限。尽管如此,情绪对个人的重要性无须多言,因此深入学习和理解情绪的科学研究所具有的价值不言而喻。

一、情绪的定义

人类在认知世界的过程中,不可避免地会产生多种主观感受,包括喜悦、悲伤、快乐、痛苦、爱情与仇恨等。这些内在体验,即对客观事物态度的反应,以及由此触发的行为反应,我们通常称之为情绪。

情绪由三个相互交织的层面组成。多数情绪研究者正是基于以下这三个层面,对情绪进行深入的探讨和阐述:主观体验的认知层面,生理唤醒的生理层面,以及外部行为的表达层面。一旦情绪产生,这三个层面便相互交织,共同构建一个完整且复杂的情绪体验。

1. 主观体验

情绪的主观体验是指个体对自己内在感受的认知,它反映了大脑对情绪状态的感知。人们体验到的情绪多种多样,如喜悦、愤怒、悲伤、愉悦、爱恋和恐惧等。不同的事物会引发不同的情绪反应,例如,对朋友的困境感到同情,对敌人的残忍产生憎恨,成功时的喜悦或失败时的沮丧等。这些主观体验是个体内心的独有认知，如"我感到高兴""我意识到痛苦""我感受到内疚"等，它们揭示了人内心世界的丰富性和复杂性。

2. 生理唤醒

在情绪的激发过程中，生理唤醒是一个不可或缺的层面。在情绪波动的过程中，人们通常会经历一系列生理上的变化。举例来说，当处于激动状态时，血压会随之升高；愤怒情绪则可能导致颤抖不止；紧张情绪下，心跳会明显加速；而害羞时，往往会出现面红耳赤的现象。这些生理指标，包括脉搏的加快、肌肉的紧张以及血压的升高等，都是情绪触发的内部生理反应。这些生理反应在不同情绪状态下的变化，为我们深入理解和探索情绪提供了宝贵的生理依据。

3. 外部行为

除了内在体验和生理变化，外部行为也是情绪体验的重要组成部分。人们在情绪波动时，往往会通过身体姿态和面部表情来表达情绪。悲伤时的泪流满面，激动时的手舞足蹈，快乐时的大笑，愤怒时的紧锁眉头，这些都是情绪的外部表现。这些外在的表达方式，常被视作他人用以评估和推测个体情绪状态的依据。然而，鉴于人类心理的错综复杂性，我们亦需意识到，个体的外部行为有时可能与其内心的主观体验存在不一致之处，例如，在面对公众进行演讲时，即便内心紧张，个体也可能表现出镇定自若的姿态。

情绪的三个维度，即主观体验、生理唤醒与外部行为，在情绪的评估中互为依存。真实的情绪体验需要这三个层面共同存在并相互作用。若其中任一层面缺失或三个层面彼此不匹配，则无法构成一个完整的情绪过程。举例来说，一个假装愤怒的人可能仅展现出外在的愤怒表现，却缺乏内在的愤怒体验和相应的生理反应，因此不能将其视为真正的情绪体验。情绪研究的复杂性正在于此，定义情绪的挑战也正源于此。

【经典实验】老鼠的愉悦回路

心理学家伯尔赫斯·弗雷德里克·斯金纳(Burrhus Frederic Skinner)曾设计过一个操作条件箱(operant conditioning chamber)，也叫作"斯金纳箱"(Skinner box)。在箱体内，斯金纳设置了一个杠杆机制。一旦箱内的动物触发这个杠杆，便会触发一个强化刺激(比如食物或水)或是一个惩罚刺激(比如通过电击脚部产生的不适感)。研究者敏锐地注意到，被置于斯金纳箱中的老鼠展现出了惊人的学习能力。它们不仅迅速掌握了通过按压杠杆来获取食物奖励的技巧，还学会了如何规避电击惩罚。

奥尔兹和米尔纳稍微修改了斯金纳箱的设置，使得老鼠在按压杠杆后，通过预先植入的电极能够直接获得大脑的刺激。两位研究者所发现的以下现象，无疑成为行为神经科学史上令人振奋的一刻：为了获取大脑的刺激，老鼠在短短一小时内竟能按压杠杆高达7000次。它们所刺激的并非大脑的"好奇中枢"(curiosity center)，而是"快乐中枢"(pleasure center)，这一奖赏回路的刺激强度远胜于其他任何形式的刺激。

一系列后续研究进一步揭示，与食物和水相比，老鼠更偏爱愉悦回路的刺激，即便在饥饿或口渴的状态下亦是如此。那些自我刺激的雄鼠，甚至会无视旁边发情的雌鼠，一次又一次地穿越带有脚部电击装置的栅栏去按压杠杆；雌鼠也会舍弃照料新生幼鼠的职责，持续按压杠杆以求得刺激。更为惊人的是，有些老鼠竟能在一小时内自我刺激达 2000 次，并持续长达 24 小时，其间几乎无所作为。为了不让老鼠饿死，研究人员不得不把它们从箱子里移开。这个小小的杠杆已经成了老鼠的一切。

进一步的研究设置系统地改变了植入大脑电极尾端的位置，以便确认大脑奖赏回路的地图。实验结果发现，刺激大脑外部的表面皮层——这一区域主要负责感觉与运动功能——并未引发奖赏效应，老鼠按压杠杆的行为显得随机而无规律。然而，深入大脑内部，与奖赏相关的区域并非孤立存在，而是由一系列相互连接的结构共同构成的。这些结构集中分布在大脑基底附近的中线位置，包括腹侧被盖区(ventral tegmental area)、伏隔核(nucleus accumbens)、内侧前脑束(medial forebrain bundle)、中隔(septum)、丘脑(thalamus)和下丘脑(hypothalamus)等。这些区域产生奖赏刺激的程度不相同，比如，刺激内侧前脑束愉悦回路的某些部分可以促使老鼠在一个小时内按压杠杆达 7000 次，而刺激另外某些区域却只能引发每小时 200 次的按压。

二、情绪的种类

情绪的复杂性使得对其进行精确分类成为一项艰巨的任务。众多研究者在此领域进行了长期的深入研究，其中两种分类方法具有较强的代表性。

1. 情绪的基本形式

心理学家指出，人类存在若干基本情绪，而其他复杂情绪则是由这些基本情绪分化演变而来的。基本情绪在人的幼年时期就已经形成，更带有先天遗传的因素。基本情绪在人类中普遍存在并对应了独特的面部表情。心理学家艾克曼和弗里森做了一项关于人的六种情绪(快乐、哀伤、厌恶、恐惧、愤怒、惊讶)的面部表情的试验：他们向被试展示六张面孔的图片，然后让被试将这些图片与快乐、哀伤、厌恶、恐惧、愤怒、惊讶六种情绪相对应。这个试验在全世界范围实施了很多次。结果表明，表达基本情绪的表情具有跨文化的一致性。

也有些理论主张，人类拥有四种核心情绪：快乐、愤怒、恐惧和悲哀。快乐，源于达成目标后的满足，它带有正面的愉悦色彩，赋予人超越、自由与接纳的感觉。愤怒则产生于人受到阻碍而无法达成目标时，特别是当人感知到不合理或恶意因素时，愤怒情绪会迅速涌现。恐惧，是当人面对危险情境并试图逃避时所产生的情绪，其根源往往在于缺乏应对可怕情境的能力与手段。悲哀，则发生在人失去所爱、愿望落空或理想无法实现时，其体验的深浅取决于失去的对象或未达成的愿望、理想的重要性与价值。基于这四种基本情绪，众多复杂的情绪得以衍生出来，如厌恶、羞耻、悔恨、嫉妒、喜欢和同情等。

综上可见，尽管对于基本情绪的界定标准，不同的理论之间存在差异，但认为情绪可以分为基本情绪和复合情绪的主张是得到普遍认同的。

2. 情绪的状态

基于情绪的不同表现维度，如强度、变化速度、紧张程度以及持续时间长短等特征，我们可将情绪划分为心境、激情和应激三种类型。

(1) 心境。

心境，是一种具备感染力的、相对平稳且持久的情绪状态。心境会在某一段时间内影响一个人的全部行为和生活，它使人的语言和行动都染上一定的情绪色彩。当人们陷入某种心境时，周围的一切事物往往都会以相同的情绪色调来呈现。比如，当人们心怀感伤时，即便面对落花也会泪水涟涟，望见明月也会感到怅然若失。这种情绪状态的弥漫性特点，正是心境所特有的，它使得"忧者见之则忧，喜者见之则喜"的现象得以发生。心境的平稳性可以持续数小时、数周、数月，甚至长达一年以上。人平时的情绪状态就是心境，有人平静，有人略带忧伤。影响心境的因素也是多种多样的，可能是生活中的重大事件，如事业的成功与失败、工作的顺利与否，以及人际关系的和谐与否等；也可以是人的健康状况、疲劳程度等生理原因，甚至是天气、环境等自然因素。

(2) 激情。

激情，作为一种迅速爆发、强烈且短暂的情绪体验，常常在突如其来的外界刺激下得以展现。当受到这样的刺激时，人们可能会表现出勃然大怒、暴跳如雷或欣喜若狂等激烈的情绪反应。在激情状态下，人的外在行为表现尤为显著，生理唤醒程度也相对较高，这往往使得个体容易失去理智，甚至采取一些不顾后果的鲁莽行为。因此，在经历激情状态时，我们需要特别注意调控自己的情绪，以防因过度兴奋或冲动而导致不良后果。引起激情的原因与一个人生活中的重大事件有关，尤其会在事与愿违、对立意向冲突时产生。另外，内心想法的过度抑制也会引起激情状态。

(3) 应激。

应激，即在面对突如其来的紧急状况时，人体所表现出的适应性反应。当个体遭遇危险或突发事件时，其身心会迅速进入高度紧张状态，进而触发一系列生理反应，诸如肌肉紧绷、心跳加速、呼吸急促、血压攀升以及血糖水平上升等。以遭遇歹徒抢劫为例，个体在面临此类威胁时，可能会产生上述生理反应，从而积聚力量进行反抗。然而，应激状态若持续过久，将会极大消耗个体的体力和心理能量。长期维持应激状态，可能会引发一系列适应性疾病，对个体的健康造成严重影响。但是，如果让人长期处于"死水一潭"似的平静生活中，同样会使机体加速衰退。所以说，人的进取心和努力状态对机体是有益的，而不求上进、无所事事的生活状态对机体是有害的。

【心理百科】情绪"开关"，你忽视了吗？

近年来，如火如荼的具身认知运动也为情绪如何受身体的影响提供了新的研究视角。具身认知是一种心理学理论，它认为认知过程不仅仅发生在大脑中，而是涉及整个身体的感知、运动和情感。这一理论强调，身体结构和功能在认知形成和发展中起着基础性作用。换言之，我们的身体不仅是我们思考和感知的工具，而且是我们认知能力本身的一部分。在此基础上衍生出的具身情绪理论认为，我们的情绪体验与身体状态紧密相连。当我们面临威胁时，身体会本能地做出反应，如肌肉紧张、心跳加速和出汗等，这些生理变化帮助我们认识到自己正在体验害怕或恐惧等情绪。因此，情绪实质上是对外部环境的身体感受的内在解读。

身体姿势也是情绪体验的一个重要因素。例如，那些弯腰低头坐着的人可能在遭遇挫折时更容易放弃，而在进行词汇联想时更倾向于想到负面词汇，在进行自我评价时也更为消极。相反，改变身体姿势，如从弯腰变为直立，可能会增强人的自尊，让人在面对挫折时更加积极，并减少恐惧和羞怯。

社会心理学家艾米·卡迪的研究表明，改变姿势，可以影响我们的内分泌系统和脑部活动，从而提升自信和控制感。例如，采取双手叉腰、双脚开立、抬头挺胸的姿势可以缓解紧张并增强自信；坐着时背脊靠着椅背、双脚落地、一只手臂搭在椅背上的姿势则能带来舒缓放松的感觉；将双手举过头顶或放在脑后，像伸懒腰一样拉伸身体的姿势可以减轻压力并引发愉悦感。这些所谓的"高能量姿势"只需保持两分钟，就能显著改善情绪状态。

基于艾米·卡迪的研究以及其他文献和临床经验，我们可以将可能激发正向情绪体验的姿势和表情归纳为三个特征：

(1) 开放的、扩张的、向外延展的姿势，如站直或坐直、双肩打开、微微抬起下颌、眉头放松。

(2) 松弛的、舒缓的、不紧绷的姿势，如双臂自然下垂、双脚平稳着地、面部和身体肌肉放松。

(3) 坚定的、充满活力的、有力的姿势，如在交流或表达观点时身体稍微前倾、直接与他人目光交流、面带微笑。

三、情绪的表达

1. 情绪表达的意义

情绪表达是人际交往中不可或缺的一个要素。除语言交流外，非语言交流同样重要，其中表情扮演着至关重要的角色。在人们的互动过程中，语言和表情常常相互补充，共同传递信息。同一句话，配以不同的表情，会给人带来截然不同的理解。这种"言外之意"或"弦外之音"往往更多地依赖于表情的传递。此外，表情在展示情绪真实性方面比言语更具优势。虽然人们有时会用言语来掩饰或否认自己的情绪体验，但表情往往难以掩饰内心的真实感受。情绪作为内心的体验，一旦产生，通常会伴随着相应的非言语行为，如面部表情和身体姿势等。心理学家在研究人类交往中的信息表达时，发现表情在其中发挥着举足轻重的作用。

2. 情绪表达的种类

情绪的呈现方式多样，主要可归为三类：面部表情、身体表情以及语调表情。

(1) 面部表情。

面部表情是情绪表达的关键方式，它通过面部肌肉和腺体的变化，结合眉、眼、鼻、嘴的不同组合来展现。诸如眉开眼笑、怒目而视、愁眉苦脸、面红耳赤、泪流满面等，都是面部表情的生动展现。作为人类沟通的基本手段，面部表情在情绪表达中发挥着至关重要的作用。

面部表情具有泛文化性特点，即不论文化背景如何，人们都能通过相同的面部表情来识别和表达相同的情绪体验。心理学研究表明，快乐、惊讶、生气、厌恶、害怕、悲伤和轻视这七种表情在全球范围内都能被普遍认出。不论来自何种文化背景，人们都能准确辨识这些基本表情，甚至五岁的孩子在这方面的能力便已接近成人。而在面部表情识别的研究中，快乐和痛苦通常是最容易被辨识的，恐惧和悲哀则相对较难被辩识，而怀疑和怜悯则最难以被辨识。这通常是因为情绪成分越复杂，其对应的面部表情就越难被准确辨识。

(2) 身体表情。

身体表情是通过人体的姿态和动作变化来传递情绪的。诸如高兴时的手舞足蹈，悲痛时的捶胸顿足，成功时的趾高气扬，失败时的垂头丧气，以及紧张时的坐立不安，献媚时的卑躬屈膝等，都是身体表情的生动展现。然而，身体表情并不具备跨文化性，其表达方式和解读深受不同文化背景的影响。研究表明，手势表情是通过后天学习而获得的。在不同的文化环境中，同一手势所承载的意义可能大相径庭。例如，竖起大拇指这一手势，在多数文化中被视作夸奖的象征，但在希腊文化中却带有侮辱他人的意味。尽管手势表情蕴含了丰富的信息，但其隐蔽性相对较小，往往容易被外界观察和解读。弗洛伊德就曾这样描述过手势表情："凡人皆无法隐瞒私情，尽管他的嘴可以保持缄默，但他的手指却会多嘴多舌。"

(3) 语调表情。

语调表情作为情绪表达的一种形式，是通过声调的高低、节奏的快慢变化来传达情感的，它同样属于一种副语言现象。具体而言，当人们感到惊恐时，声音会尖锐刺耳；而在悲哀时，声调则会显得低沉，节奏也相对缓慢；气愤时，声音会升高，节奏明显加快；而在表达爱慕之情时，语调则会变得柔和且有节奏感。

综上所述，面部表情、身体姿态以及语调变化都是情绪表达的有效手段，它们常常相互协调、共同作用，以更加准确或复杂地展现出不同的情绪状态。

【心理百科】微表情心理学

微表情心理学是心理学的一个分支，专注于研究人类面部表情中短暂、微妙的变化，这些变化往往是在无意识中发生的，并能透露出个体的真实情绪和心理状态。微表情通常是短暂的，可能在几毫秒到几秒之间出现，并且往往不易被肉眼察觉，但通过训练，人们可以学会识别它们。2009 年一部风靡全球的美剧《别对我撒谎(Lie to me)》让微表情心理学受到普通大众的关注。剧中的心理学家们能够通过对细微的、转瞬即逝的面部表情和肢体动作的观察和解析，发掘隐藏在人的面部、身体和声音里的线索，进而破解谜团。

微表情的研究基于这样一个假设：面部表情是内心情绪状态的无意识表达。即使是试图隐藏自己真实感受的人，也可能在无意识中通过微表情泄露自己的真实情绪。例如，当一个人声称某件事情对他们没有影响时，他们的面部却露出了短暂的痛苦表情，这可能表明他们实际上对这件事情感到在意。

微表情的识别和解读在法律、心理咨询、人际交往和谎言检测等领域有着重要的应用。在法律领域，微表情分析可以用来评估证人的可靠性；在心理咨询中，咨询师可以通过识别微表情来更好地理解客户的真实感受；在人际交往中，了解微表情可以帮助人们更好地沟通和理解他人。

微表情心理学的研究还表明，某些微表情具有普遍性，即不同文化背景的人会有类似的微表情反应。这为跨文化交流提供了一种非语言的沟通方式。然而，文化差异仍然会对微表情的解释产生影响，因此在不熟悉的文化环境中解读微表情时需要谨慎。

总的来说，微表情心理学为我们提供了一个深入了解人类情绪和心理状态的新视角，有助于我们更准确地解读他人的反应，并在各种情境下做出更合适的反应。

第二节   情绪管理与应对

有一个名叫艾米的女孩，她总是将自己的情绪隐藏在一个小小的玻璃瓶里。每当她感到焦虑、愤怒、伤心或沮丧的时候，她就把这些情绪装进瓶子里，然后把瓶子紧紧地封闭起来。她不想让任何人看到自己的脆弱，于是选择了将情绪埋藏。

随着时间的推移，艾米的瓶子越来越多，她的内心也变得越来越沉重。当她面对问题时，她并没有积极地去解决，而是选择了继续将情绪压抑。然而，瓶子中的情绪并没有消失，它们在她心里积累，逐渐影响了她的生活和人际关系。

有一天，艾米遇到了一位智慧的老人，老人看出了她的困扰，决定与她谈谈。老人告诉艾米，情绪就像水流一样，需要找到出口，如果一直被封闭在瓶子里，最终会溢出来，带来更大的烦恼。

老人拿出一个空的大玻璃瓶，让艾米将她内心的情绪一一倒入。艾米开始时并不情愿，但随着每次将情绪倾诉出来，她感觉心里似乎轻松了许多。她终于有了一个可以坦诚倾诉的对象，一个可以释放情绪的途径。

经过一段时间的交流，艾米逐渐理解了情绪的重要性。她明白，情绪是人类天然的反应，而不是需要隐瞒的负担。她开始学会面对自己的情绪，表达自己的感受，而不是一味地压抑。通过与老人的交流，艾米学会了情绪管理的方法，也逐渐变得更加坚强和自信。

最终，艾米意识到，将情绪封闭在瓶子里只会让问题变得更糟。面对情绪，正视自己的感受，找到适当的方式来释放，才能让内心变得更加健康和平衡。艾米不再把情绪藏进瓶子，而是选择与亲朋好友分享，获得理解和支持。

这个故事告诉我们，情绪困扰是可以通过适当的方式来解决的。将情绪埋藏只会让问题积聚，而正视情绪、寻求支持，才能让内心更加健康。人类需要学会面对情绪，与之和谐相处，从而在生活中找到更多的平衡和快乐。

每个人的情绪都会时好时坏。学会识别并调节自己的情绪，也就拿到了开启快乐之门的钥匙；反之就会成为情绪的奴隶，沉浸在焦虑、抑郁、愤怒、悲伤、沮丧等负面情绪中无法自拔，被卷入痛苦的黑洞。英国诗人约翰·弥尔顿说："一个人如果能够控制住自己的情绪，那他就胜过国王。"善于调节自己情绪的人就是自己的国王，可以拥有属于自己的快乐王国。我们接下来介绍几种应对不良情绪的方法，希望能给你带来帮助！

一、情绪管理方法

情绪管理是指个体识别、理解、接受和控制自己情绪的过程，目的是提高生活质量、调节人际关系、提高工作效率和促进心理健康。情绪管理不仅包括识别和接受自己的情绪，还包括调节表达情绪的方式，以适应不同的社会环境和情境。

情绪管理的一些关键组成部分包括：情绪识别，也就是认识到自己的情绪状态，理解情绪的起因和表现；情绪理解，也即探索情绪背后的原因，认识到情绪是正常的人类体验的一部分；情绪接受，也即接受自己的情绪，不批评或抑制它们，而是允许自己感受和表达；情绪调节，也即使用策略和技巧来调整情绪的强度和持续时间，以使它们不会对日常生活产生负面影响；情绪表达，也即以健康和建设性的方式表达情绪，包括与信任的朋友或家人交谈，进行艺术创作或运动等；情绪控制，也即在必要时，控制情绪的表达，以适应社会环境或避免不恰当的行为。

情绪管理技巧可以帮助个体更好地应对压力、建立积极的人际关系、提高决策能力，并在工作和生活中取得更好的成绩。接下来我们将介绍几种常用且易操作的情绪管理方法。

1. 理性情绪疗法

理性情绪疗法(Rational Emotive Therapy，RET)，后来被称为理性情绪行为疗法(Rational Emotive Behavior Therapy，REBT)。这种认知行为疗法是由美国心理学家艾伯特·艾利斯(Albert Ellis)在20世纪50年代发展起来的。这种疗法专注于个体不合理的信念和思维模式，并认为这些不合理的信念是导致情绪和行为问题的根源。

理性情绪疗法的核心理念是，人们的情绪和行为主要是由他们的信念和思维方式决定的，而不是由外部事件直接引起的。艾利斯提出了一个著名的ABC模型来说明这一理念：A(Activating Event)，也即激发事件，表示实际发生的事件或情况；B(Belief)，也即信念，表示个体对激发事件的解释和评价；C(Consequence)，也即后果，表示激发事件后个体的情绪和行为反应。

根据ABC模型，尽管我们无法控制激发事件(A)，但我们可以在一定程度上控制我们的信念(B)，从而改变后果(C)。理性情绪疗法认为，不合理的信念会导致不必要的负面情绪和行为，因此，通过识别和挑战这些不合理的信念，个体可以学会更理性地思考和应对生活中的挑战。

理性情绪疗法有如下三大基本哲学观：

首先，用无条件的自我接纳(unconditional self-acceptance)替代有条件的自尊(conditional self-esteem)。在评价自身的信念、情感与行为时，我们应基于个人的主要生活目标，并审视它们是否有助于实现这些目标。如果能达成目标，我们就认为它们是"好的"或"有用的"；反之，我们则认为它们是"不够好的"或"没用的"。但是，谨记不要让这些审视影响了对自我的评价。无论你的表现好或不好，无论别人是否认同你和你的所作所为，你都需要接纳并尊重自我、接纳自己的人生和相信自己作为人存在的价值。

其次，无条件地接纳他人(unconditional other-acceptance)。在评价他人的信念、情感和行为时，我们可以依据自身或社会的普遍标准，进行"好"或"坏"的评判，但是绝不应直接评价他人本身。接纳并尊重他人本身，不是因为他们身上具有的某些特质或他们的某些行为，而是因为他人与你一样，都有人的尊严。我们应对所有人都抱有怜悯之心，甚至对所有生物都应如此。

第三，无条件地接纳生活(unconditional live-acceptance)。在评价生活和社会的优劣时，我们也可以基于自身以及社会群体的标准进行判断。但是，我们不应将生活或环境本身简单地划分为"好"或"坏"。正如莱茵霍尔德·尼布尔(Reinhold Niebuhr)所说，尽你所能改变你不喜欢的生活，安然接受你不能改变的，并拥有区别两者的智慧。

理性情绪行为疗法并不认为践行这三大基本哲学观就能让你变得特别快乐，因为你和社会群体都有很多自我局限性。你有着让自己产生不必要的心烦意乱和让自己的正常需要变成不健康需求的能力(这是天性)；你也无法摆脱某些现实的磨难(例如洪水、飓风和疾病)。但是，如果你能够遵从这三大基本哲学观，那么你的想法、情感、行为方面的问题就可能会减少，当然随之减少的还有因这些问题而带来的困扰。

理性情绪疗法的治疗过程通常包括以下步骤：

(1) 识别不合理的信念：帮助个体意识到他们持有的不合理信念和思维模式。

(2) 挑战和质疑不合理信念：通过逻辑和实证方法挑战和质疑这些不合理的信念。

(3) 替换合理的信念：帮助个体发展更合理、更积极的信念来替代不合理的信念。

(4) 实践和应用：在现实生活中应用新的、合理的信念，以改变情绪和行为反应。

理性情绪疗法是一种有效的心理治疗方法，适用于治疗焦虑、抑郁、自尊、人际关系等多种心理问题。

【心理百科】改变认知、管住情绪

尽管我们共同存在于同一个宇宙中，但人们的幸福感却千差万别。有些人似乎总能享受生活的乐趣，而另一些人则似乎被不断的忧虑所困扰。难道快乐之人的生活就格外顺遂，而焦虑之人的生活中就充满了更多挑战吗？实际上，并非总是如此。许多人面临的问题本质上是相似的，无非是财务困境、婚姻问题、日常生活的挑战、工作压力以及健康问题等，但人们对这些挑战的反应和态度却大相径庭，这些不同的态度最终塑造了他们截然不同的人生轨迹。对于同样的问题，当我们持有的认知不同时，产生的对应情绪也会相差甚远(如表 3.1 所示)。

表 3.1　常见的认知与对应的情绪体验

认知	情绪
我又失败了	失落
我失去了最宝贵的东西	悲伤
看来，有不好的事情将要发生了	焦虑
这个糟糕的状况是我导致的，我真愚蠢	愧疚
这件坏事是他们干的	愤怒
我处处都不如人	自卑
我的生活太糟糕了，我的生命毫无价值	忧郁
这简直让人难以置信	惊讶

我们的认知方式对情绪有着深远的影响。像上面这样对许多事情所产生的认知，能够影响我们的情绪。这一发现，从某种意义上说，是积极的，因为它意味着即使无法改变外部环境或他人，我们仍然有能力调整自己的内心世界。如果我们能够学会以健康的方式思考问题，我们就能够避免自寻烦恼，问题也会因此变得容易解决。这样，我们就在动荡不安的世界中为自己创造了一个平静和稳定的避风港，这个空间只属于我们自己，无人能够侵犯，在这个空间之中我们是自己命运的主宰。

心理学家通过大量研究，总结出了通过改变认知来改善情绪的方法。这些方法的一致性在于，首先识别导致消极情绪的具体认知，然后对思维中的极端和负面观点进行挑战，最后重建积极的认知，形成一个积极、客观和适当的思维模式。

我们应当学会在消极情绪出现时，剖析那些不经意间闪现的自动性观念。这些观念是在我们对外界刺激做出情绪反应之前，瞬间出现在脑海中的想法。在这种情况下，我们应该将引起不良情绪反应的刺激事件(即原因)、情绪以及当时的自动性观念(即认知)列出来。

举例而言，姑娘小王，因肺炎不得不取消与男友的夏威夷旅行，因此感到非常失落。但是，是否一切都已无法挽回呢？她注定要因此感到巨大的遗憾吗？我们可以尝试用认知疗法来重塑她的积极情绪。

原因：因为生病，所以她必须取消与男友约定好的旅行。认知：小王因为生病和可能的失约而难过。她感到懊恼和内疚，但这并没有必要。实际上，她思维中的不合理认知包括：

我的身体简直太糟糕了。

我应该永远遵守诺言，我绝不能因此就失信于人。

我绝对不应该让关心自己的人失望。

因为这该死的病，我不得不取消旅行计划，我将永远都不能去夏威夷了。

这些认知产生的结果是：焦虑、烦躁、愧疚，不愿意面对男友，病情恶化。

在这个过程中，我们应该对这些自动性观念的错误和荒谬之处进行识别，并找出积极的理由进行分析和辩驳。例如：

荒谬之处 1：夸张。比如，只是一次生病而已，却认为自己身体一直很糟糕。

辩驳理由 1：每个人都不希望生病，我也一样，但这是不可避免的。由于气温不稳定，加上工作压力过大，我生病了，这是很正常的，没有人会责怪我。更何况，肺炎并不是什么大不了的病，医生不是告诉我，多静养就能够好了嘛！

荒谬之处 2：过度引申。比如，自己只是因意外而失约，却认为他人会觉得自己不诚信。

辩驳理由 2：我因意外不能赴约，相信如果男友真的爱我，他一定能够理解。更何况，我一直是个守信之人，没有人会因这件事就认为我不诚信。

荒谬之处 3：极端的思维。比如，因为失约一次，就认为男友会对自己感到失望。

辩驳理由 3：男友是个善解人意的人，虽然我们不能如约去旅行，但他肯定会过来照顾我，这会让我们的感情更好。

荒谬之处 4：消极的映射。比如，只是错过这一次机会，就认为自己以后也不可能去夏威夷了。

辩驳理由 4：还有十天呢，只要我按照医生的嘱咐，按时吃药，安心静养，那么到时候可能就会康复了。即使不会康复，我们也可以等到下一个假期再去旅行，日子还长着呢。我们一直有着期待，这不是一件十分美妙的事情吗？

在这个过程中，找到积极的理由去辩驳消极的认知是最重要的一步。实际上，我们总能够找到积极而合理的理由来摧毁消极的认识。

掌握积极认知的方法是一种了不起的能力。由错误的认知导致的负面情绪，我们完全可以用这种思维模式将其瓦解，并重塑积极的思维方式和情绪。一旦我们养成了积极认知的习惯，无论我们遇到多么糟糕的事情，我们都能够把它们变成好事，或者在心理上减轻这些糟糕的事情对我们的冲击。这样一来，人生当然就会充满乐趣。

【扫描学习】微课：情绪调节小技巧

2. 森田疗法

森田疗法(Morita Therapy)，亦称森田式心理疗法，是由日本心理学家森田正马(Morita Shoma，1874—1938)在 20 世纪初期创立的一种心理治疗方式。最初，这种疗法主要用于治疗神经症，尤其是焦虑和强迫症状，但后来它的应用范围扩展到了其他心理健康问题。森田疗法的核心理念可以概括为"顺应自然"和"为所当为"。森田认为，神经症患者往往对自己的感受和症状产生过度的抗拒，这种抗拒反而会加剧症状。因此，他建议患者首先应该接受自己的感受和症状，而不是立即尝试控制或摆脱它们。

(1) 顺应自然。

森田认为，理性的理解并不足以达到治疗的目的。举例来说，虽然人们理智上明白世上并无鬼魂，但夜晚经过墓地时仍可能心生恐惧。情感的变化有其固有的规律：当我们的注意力越集中时，情绪往往越为强烈；然而，若我们顺其自然，不刻意去压抑或改变，情绪往往会逐渐平复；随着时间的推移，习惯成自然，相同的情感刺激便不再引起如此强烈的反应。因此，森田疗法强调患者应首先正视并接受自身症状的存在，不必刻意寻求改变，而应顺应自然。

顺应自然，意味着让患者更好地理解自身在自然界中的定位，并让其体验那些日常中常见却超出个体掌控能力的事物。当一个人对某些事情过于看重并产生抗拒时，就可能陷入神经质的困境。森田认为，通过认识情感活动的规律，接受自己的情感，不去压抑或排斥它，让情感自然发展，并持续地努力，可以培养积极健康的情感体验。

(2) 为所当为。

为所当为是在顺应自然的态度指导下采取的行动，这进一步体现了顺应自然的治疗原则。森田将与人相关的事物划分为可控与不可控两类。可控事物指的是个人能够凭借主观意志进行调控和改变的事物；而不可控事物则是那些个人无法通过主观意志加以决定的事物。

森田疗法倡导神经症患者培养顺应自然的心态，避免试图控制那些不可控的事物，如人的情感；同时，应关注并掌控那些可控的事物，如个人的行动。森田疗法鼓励患者在忍受痛苦的过程中，依然坚持完成应尽的职责，即使过程艰辛，也要将注意力聚焦于行动上。这种做法有助于打破精神交互作用的束缚，逐步树立从症状中解脱出来的信心。例如，对于社交恐惧症患者，森田疗法建议他们带着恐惧去与人交往，并专注于自己的行动目标。通过实践，患者可能会发现，之前那种试图消除症状再与人交往的想法其实是多余的。过去，患者常常因为过度思考而未能采取行动；而现在，"为所当为"的理念要求他们立即投身于应做的事情中，即使面临痛苦也要坚持不懈，从而打破过去束缚行动的精神枷锁。

森田疗法的特点有如下几条：

(1) 不问过去，注重现在。

森田疗法认为，神经症患者发病的原因是有神经质倾向的人在现实生活中遇到某种偶然的诱因而形成的。在治疗过程中，该疗法遵循"现实原则"，即不深入探究患者过去的生活经历，而是将重点放在引导患者关注当下，鼓励患者将注意力集中在现实生活上，从现在开始，积极投入并充满活力地生活。

(2) 不问症状，重视行动。

森田疗法认为，患者的症状不过是情绪变化的一种表现形式，是主观性的感受。该治疗注重引导患者积极地去行动，"行动转变性格""照健康人那样行动，就能成为健康人"。

(3) 生活中指导，生活中改变。

森田疗法强调在实际生活中进行自然治疗，无须依赖任何器具或特殊设施。它主张患者应如同正常人一般生活，同时致力于改变不良的行为模式和认知，在生活中治疗，在生活中改变。

(4) 陶冶性格，扬长避短。

森田疗法认为，性格不是固定不变的，也不是能够随着主观意志而任意改变的，无论什么性格都有积极面和消极面，神经质性格特征亦如此。神经质性格具有诸多优势，如深刻的反省能力、对工作的认真态度、踏实的性格、不懈的勤奋精神以及强烈的责任感等。然而，它也伴随着一些不足之处，如过分的小心谨慎、自卑心理、对自身弱点的过度夸大以及对完美的过度追求等。为了充分利用性格中的优点并抑制其缺点，拥有神经质性格的个体可以积极投身于社会生活，通过不断的历练来完善自我。

森田疗法通常包括以下几个步骤：① 认识症状的性质：患者需要了解自己的症状，如焦虑、恐惧或强迫思维，并不是严重的问题，而是神经症的表现；② 忍受和接受症状：患者被鼓励接受自己的症状，而不是试图逃避或抵抗它们；③ 注意和专注：患者被指导将注意力从症状转移到其他活动上，如日常活动、工作或兴趣爱好；④ 行动：患者被鼓励积极参与生活，进行有意义的活动，即使他们在做这些事情时感到不适；⑤ 克服症状：通过持续的实践和积极参与生活，患者逐渐学会与症状共存，并最终克服它们。

森田疗法强调，症状的改善不是通过直接对抗或消除症状而实现的，而是通过接受症状、改变对症状的态度和积极参与生活来实现的。这种方法帮助患者学会与他们的内心体验和谐相处，而不是被它们所控制。

【心理百科】怒气消解法

二、消极情绪的力量

佛罗里达州立大学的罗伊·鲍迈斯特(Roy Baumeister)及其团队在一份研究中提出了一个引人注目的论点——"坏比好更有影响力"。这个标题可能让人误以为心理学家已经找到了评价善恶的绝对标准，并发现结果倾向于负面。但文章实际上探讨的是，我们对负面事件的反应通常比对正面事件的反应更强烈。换言之，消极的事件、经历、关系和心理状态对我们的情绪影响更大。

这一观察可能令人感到有些悲观，但实际上，它基于一个进化论的观点：对负面评价的敏感性对我们的生存至关重要。例如，苦味的叶子通常是有毒的，这是我们本能上就会避免的东西。情绪在本质上是一个反馈系统，它在我们体验各种事物时，会迅速地在精神层面上告诉我们某件事是好的还是不好的，从而引导我们接近或避开某些情境。

所有的情绪，无论其是正面的还是负面的，都包含着信息，帮助我们评估工作、交流、环境和行为的结果。简而言之，情绪就像汽车仪表盘上的 GPS，能告诉我们位置、速度和路况。

我们回避消极情绪，并不是因为愚蠢，而是出于几个合乎直觉的理由：它们令人不快；它们意味着停滞不前；它们与失去控制有关；以及，它们可能(只是可能)会在社交场合产生不良影响。然而，那些努力避免或消除消极情绪的人可能会忽视这些情绪提供的宝贵信息。消极情绪能及时指出问题，促使我们采取行动。如果你在感到愤怒或其他消极情绪时压抑这些情绪，你可能会难以理解自己为什么会有这样的感受。

消极情绪的重要性常常被忽视，尽管它们提供了我们生活中不可或缺的警示。可能会有人认为，我们有许多正当的理由回避消极情绪，毕竟我们为什么要自寻烦恼呢？但是，我们需要认识到，消极情绪的好处不仅仅是避免危险。想象一下，如果世界不再有人因为梦想受挫而失落，如果人们对家中地下室起火的危险无动于衷，这将是一个多么可怕的世界。正是这些所谓的消极情绪，使得我们的生活充满了情感的丰富性和真实性。

1. 愤怒的积极力量

愤怒本身并无好坏之分，关键在于我们如何处理它。研究显示，在少数情况下(仅占全部样本的 10%)，愤怒可能激发暴力行为，这说明愤怒的存在并不意味着必然会伤害他人。通常，人们感到愤怒是因为遭到了不公正待遇，或是在追求目标时遇到了障碍。托德·卡什丹(Todd Kashdan)等人收集了 3679 个日常生活中的愤怒案例，发现在 63.3%的案例中，愤怒是由他人的错误行为引起的。

实际上，在某些情况下，愤怒能发挥积极作用。研究表明，愤怒可以增强乐观态度、创造力和表现力，同时还有助于引导对话和应对变化。

(1) 愤怒的人对未来更乐观。

在一项实验中，参与者需要翻开一些卡片，每翻开一张，就有可能遭受较大的惩罚。愤怒情绪下的参与者相比其他人更愿意承担风险，表现出对未来的更多期待。在另一项关于风险投资决策的研究中，怀有愤怒情绪的被试更倾向于相信未来是可控制的，更期待积极的结果和冒险的回报。因此，愤怒作为一种强烈的情绪，不仅帮助我们应对威胁，也帮助我们更好地处理日常事务。

(2) 愤怒可以提升创造力。

尽管这听起来可能让人惊讶，但这确实是真的。在心理学领域，创造力研究通常很有趣。例如，心理学家常用"砖头能做什么"的问题来衡量创造力。这个问题的答案多种多样，从常见的建墙到不寻常的健身工具等。在一项实验中，研究者让被试在不同情绪状态下(愤怒或平和)回答这个砖头用法的问题，结果发现，对于那些喜欢遵循规则并从中获得控制感的被试者，愤怒情绪激发了他们的创造力；而对于那些倾向于反叛和打破常规的人，愤怒则降低了他们的创造力。这说明愤怒对不同的人有不同的影响，并且在某些情况下，它确实可以提升创造力，而不是像人们认为的那样只有负面作用。

2. 焦虑的积极力量

关于焦虑感的价值已经有过很多研究了。简而言之，倘若你的焦虑感甚微，这往往意味着你所在的环境显得乏味且缺乏足够的刺激，这种环境可能导致你的大脑陷入休眠状态，你的注意力、行为优先度和精力也都会因此转移。你大概也能猜到，企业管理者们都不喜欢这种状态，因为员工们会很容易转向更有刺激性的游戏和闲聊。相反，如果焦虑感过强，则说明环境压力过于强烈，以致让人身心俱疲。只要焦虑的时间不长，你很快就能从不佳状态中恢复。但是长时间、高强度的焦虑却会损害人的身心健康。经常性的焦虑更会让人早衰。

人们在讨论焦虑时，往往容易忽略它对事业成功、家庭美满、伴侣幸福的好处。关于焦虑，你可能不知道的是：焦虑感就像矿井里的金丝雀或者军队里的哨兵，能够帮助我们迅速发现潜在威胁。焦虑感主要依靠下列几种能力发挥作用：感知能力——焦虑的人对周围环境的变化格外敏感，对各种问题隐患的苗头也都明察秋毫，尤其是在陌生或者难以判断状况时；反应能力——焦虑的人对于潜在威胁的蛛丝马迹，比如异常的响声、被打乱的节奏，反应都会特别迅速而强烈；分享能力——焦虑的人会及时警告其他人危险临近，他们非常急迫地想要分享自己的发现，只有向他人倾诉、示警才能让他们放心；侦察能力——焦虑的人在向他人示警时如果得不到支持，就会转入侦察模式，试图搜集足够多的证据来说服他人共同抵御即将到来的危险；专注能力——焦虑的人为了解决问题甚至可以废寝忘食。

长期生活在积极情绪中的人很难体会到焦虑的好处。研究者发现，焦虑的人往往一心一意、坚韧不拔，与外向、社交、支配欲无缘。在遭遇危险时，焦虑感比积极情绪更有用。当危险的迹象还很模糊、复杂、不确定时，焦虑的人能够迅速发现问题并找到解决方案。

这时如果附近还有焦虑者的同伴(朋友、家人或者同事)，他们也会因此获益。在构建团队时，我们期望其成员性格构成能够丰富多样，因此，团队中至少应包含一名易于感到焦虑的"哨兵"角色，这样的团队结构更有助于团队取得卓越的成功。

那么怎样才能有效控制和运用焦虑感呢？

第一，我们应该重视焦虑者作为"哨兵"的侦察作用，而不是把他们的反应视为无益的神经过敏。我们要让其他人都清楚地知道焦虑的内在价值：焦虑能够使快乐、成长以及个体对梦想和抱负的追求最大化。

第二，我们应该广开言路，保证信息通道畅通，并确保居中调度者具有较强的综合能力：反应迅速、表达清晰、社交能力和说服力强，对其他人的特点和能力了如指掌，并能以最快的速度找到问题的解决方案。

第三，我们还应该鼓励那些查找和解决问题、为团队默默付出的人，并给予他们奖励。这也就是说，对于成功阻止恐怖分子把武器带入机场的反恐部队和在即将爆炸的炸弹旁生擒恐怖分子的特工，都要一视同仁地给予表扬。媒体总喜欢树立孤胆英雄的形象，让故事情节更加简单易懂、动人心弦。但是每个团队都应该做好自己的宣传工作，让那些默默无闻的"哨兵"得到应有的荣誉。

第四，不要因为看不见威胁就掉以轻心，要记住"千里之堤溃于蚁穴"，巨大的威胁总是潜藏在一些容易被忽视的细节中。重视并坚持隐患排查工作，还能连带产生一个有益的影响：大家在应对冲突和消极情绪时会越来越自如。

【自我测试】焦虑自评量表

三、让人快乐的习惯

你是否曾想过是什么让别人如此快乐？他们多年来培养了哪些习惯，不断地使他们的生活充满快乐？积极心理学之父马丁·塞利格曼的理论表明，60%的幸福是由我们的环境和遗传决定的，而其余那40%则全靠我们自己争取。重要的是要知道，我们不可能一直都是快乐的。否则，就不会有所谓的幸福。根据发表在 PLoS One 上的一项研究，人类最频繁的情绪是快乐，其次是爱和焦虑。人们体验积极情绪的频率是消极情绪的 2.5 倍，但也相对频繁地同时体验积极和消极情绪。如果快乐可以在别人身上频繁出现，也许我们可以培养一些习惯，使快乐在我们身上也成为一种频繁出现的情绪。你永远不应该放弃快乐。因此，为了帮助你走上快乐之路，这里有能够帮助你成为快乐的人的 10 个有用的习惯。

1. 接受生活中的积极因素

我们经常忽略生活中的美好事物而专注于消极事物。我们总是反思最坏的情况，而应该做的恰恰相反：我们应该总是想象从一个情况中可以得到什么好处。

发现和承认你的价值和那些使你幸运的东西，是一个好的习惯。你所应感激的事情比你想象的要多。

2．不要假装微笑

你是否曾经强迫自己微笑，然后因为表现出一种你并未真正感受到的情绪而感到沮丧？有些工作要求我们以某种方式行事或整天微笑，但是如果可以，最好是在你感觉到积极的情绪时才微笑。发表在《管理学院学报》上的一项研究显示，当你感到负面情绪时，假装微笑很可能会使你的情绪恶化。

3．保持你的激情

如果你有空闲时间，做点让自己开心的事，你喜欢什么？如果你度过了漫长的一天，你坐下来享受一杯热茶、看一部喜欢的电影或玩你最喜欢的游戏，这些都可以缓解一点压力，让你感到快乐。如果你想让快乐持续到第二天或更长时间，也要为你的激情留下一些空间。如果你有一项喜欢并能继续提高的技能，通过时间和实践，你会看到自己的成长，而且无论是现在还是将来，你都会享受到乐趣。

4．与你真正喜欢和爱的人在一起

花时间与那些使你快乐并值得你爱的人在一起。如果你的生活中有某个人让你一直感到不快乐，最好与他保持一定距离。研究表明，人们在其他快乐的人身边时确实会更快乐。所以要向你生活中那个快乐的人靠近，约他们出去玩，邀请他们过来，与他们在网上聊天。这可能也会使你更快乐。

5．给予回报

研究发现，志愿者工作可以改善心理健康和身体健康。因此，回馈他人是一个有益的尝试，这不仅能够使他人获得快乐，也能够使你获得快乐。这是一种兴奋的状态，当一个人以慈善的方式行事时，就会被激活。这种愉悦体验的产生是由于我们大脑中的奖励中心被慈善行为所触发。

6．享受生活中的点滴

想想生活中那些让你微笑的小时刻。它们是我们在不知不觉中享受的简单时刻。哪怕我们没有意识到正在感受快乐，我们也是快乐的。因此，让我们在生活中的简单时刻享受快乐，比如倒一杯新鲜的咖啡，坐在门廊上，读一本好书……

7．有意识地尝试快乐

即便没有感到快乐的时候也请尝试让自己感到快乐，这将改善你的情绪健康水平。发表在《积极心理学杂志》上的两项研究发现，那些在研究期间被要求积极尝试快乐的人所报告的积极情绪在所有受试者中处于最高水平。

8．找到你生活的目标

生命的意义是什么？这一切意味着什么？幸福的人是由他们的目标驱动的，这是他们决定的事情，是让他们快乐的事情。生活的目标不是一成不变的。你喜欢什么，就可以尝试着把它纳入你的生活目标。

9. 练习抗压能力

你可能认为抑郁症的反面就是幸福，但心理学家彼得·克莱默指出，复原力才是抑郁症的反面。事实是，即使是最幸福的人也曾面临困难和忧虑。每个人都会时不时地掉进悲伤的"洞"里，但幸福的人会培养抗压能力。尽管困难的"深坑"仍然存在，并且它看起来很深，但无论如何都要做好反击的准备。

10. 重视真正的对话

我们想表达什么感受？我们在忍耐什么？是什么让我们兴奋、热情、快乐？谈谈这些事情吧。临终者的五大遗憾之一是，他们没能有足够的勇气表达自己的感受。研究人员发现，参加实质性谈话的人，相对于参与小范围谈话和不重要的话题的人，有更多的满足感。因此，当你对天气感到忧郁时，并不是因为下雨了，而是因为你在谈论天气。在有疑问的时候，生命的意义总是一个很好的谈话起点。

【心理百科】5-4-3-2-1 方法

5-4-3-2-1 法是一种接地练习(grounding exercise)，可以帮助你保持当下的状态，避免消极思考和担忧。你可以在任何地方做这个练习：在家、在学校、在车里，甚至在人群中。你可以坐着、站着或躺着做。这个练习要求你从"5"开始倒数，用你的感官列出你周围的事物，努力注意这些事物的细节。具体方法如下：

首先用鼻子深呼吸，然后用嘴巴呼气。之后慢慢观察周围环境，找出五件你能看到的东西。也许你能看到墙上的彩色海报、书架上的蜘蛛网、床头柜上的红色灯罩台灯、椅子上安睡的猫、梳妆台上终于开花的仙人掌。

然后列出四件你能触摸到的东西，例如手中温暖的杯子、床上柔软的被子、牛仔裤的牛仔布料、脚下有抓痕的地毯。

接着听三种你能听到的声音，比如时钟的滴答声、电脑安静的嗡嗡声、外面的车流声。

现在，试着找两种你能闻到的气味，比如你杯子里的茶香、你衣服上的清香。

最后，列出一种你能感受到的情绪。

这是一种让自己保持沉默的方法，这样你就能感受到自己的存在，并掌控周围的环境。现在你来试试。当你感到不知所措时，这个方法可以帮助你回到当下。

第三节   "情商"的力量

尽管智商不可或缺，但过去人们可能高估了它的影响力。正如心理学家霍华德·嘉纳(Howard Gardner)所言："一个人在社会中的位置高低，很大程度上取决于非智力因素。"心理学家们认为，情商是给予生活动力的关键因素，它能够放大智商的作用。情商在个人健康、情感、成功和人际关系方面扮演着至关重要的角色。研究表明，一个人的成就中，只有大约20%可以被归因于智商，而剩下的80%则受到情商的影响。这意味着，情商对于决定我们生活成就的大小起着不可小觑的作用。研究表明，情商较高的人在各个生活领域都具有优势，无论是在恋爱、人际关系方面，还是在掌控个人命运方面，他们获得成功的可能性都更大。

一、什么是情商

情商又称情绪商数或情绪智力(Emotional Intelligence，EQ)，是一个人识别、理解、管理自己情绪的能力，以及识别、理解和影响他人情绪的能力。这个概念最早由心理学家丹尼尔·戈尔曼(Daniel Goleman)在 1995 年提出，并在他的著作《情绪智力》中得到了详细阐述。

情绪智力的五个核心要素如下：

(1) 自我意识(self-awareness)。自我意识是情绪智力的基石，它包括两个方面：对自己情绪的认知和对自己情绪的调节。对自己情绪的认知是指能够准确识别和理解自己的情绪状态，这需要对自己内在感受的敏感性和洞察力。对自己情绪的调节则是指能够控制和调整自己的情绪，以适应不同的情境和目标。

(2) 自我管理(self-regulation)。自我管理主要涉及情绪调节和自我控制。情绪调节是指能够有效地处理自己的消极情绪，如焦虑、愤怒或失望等，并将其转化为积极情绪。自我控制则是指能够抑制自己的冲动行为，遵守规则，延迟满足，以及保持坚韧不拔的精神。

(3) 社会意识(social awareness)。社会意识是指理解和感知他人的情绪和需求的能力。它包括三个子要素：同理心、组织意识和洞察力。同理心是指能够理解他人的感受和观点，换位思考。组织意识是指对组织或团队的情绪氛围有深刻的理解。洞察力则是指能够识别社会动态，理解人际关系和社会结构。

(4)关系管理(relationship management)。关系管理是情绪智力的应用部分，主要涉及建立和维护良好的人际关系。它涉及影响力和调解能力。影响力是指能够以非强制性方式影响他人和建立信任的能力。调解能力则是指在冲突中能够有效沟通，找到解决方案，以及维护和谐的人际关系的能力。

(5)自我激励(self-motivation)。自我激励是指拥有内在驱动力，内在驱动力使个体能够设定并追求个人的目标和价值观。与自我激励有关的要素包括热情、承诺和坚持，它要求个体即使在面对困难和挑战时也能够保持动力和积极性。自我激励也与乐观主义有关，即对未来持积极态度，并能从失败中迅速恢复。

戈尔曼认为，这五个要素是情绪智力的关键组成部分，它们相互影响，共同构成了一个人的情绪智力。在现实生活中，这五个方面的重要性可能因情境和个体目标而异，但它们都是实现个人和社会成功的关键因素。情绪智力的培养是一个持久的过程，涉及自我反思、情绪调节和人际交往技能的提升。通过练习和实践，每个人都能够提高自己的情绪智力，从而在个人和职业生涯中取得更好的成就。

二、洞察力与情商

要提高情商，首先要提升洞察力。洞察力的提升与共情(即同理心或同情心)能力密不可分。共情是一种设身处地为他人着想的能力，它能够让我们体验并理解他人的情绪。在发生冲突或误解的情境中，若当事人能够尝试站在对方的角度进行深思熟虑，他们可能能够更加轻松地领悟对方的意图，进而有效地化解误解。生活中时常说的"人同此心，心同此理"，正是共情的体现。共情能力在各个领域都至关重要，它是人类相互理解和和谐相处的基础。即使是最聪明的人，如果缺乏共情能力，也难以建立良好的人际关系，甚至可能给人留下傲慢、讨厌或迟钝的印象。而具备共情能力的人在与他人交往的过程中往往能占据主导地位，更容易打动别人，具有说服力和影响力，同时也能让人感到舒适。

在处理人际关系时，我们应当以关心与体谅他人为出发点，尊重他人的空间与选择。当误会发生时，我们应设身处地地为他人考虑，积极反思自身的过失，并勇于承担起相应的责任。具备同理心的人在工作和生活中，能够有效避免产生抱怨、指责、嘲笑和讽刺等负面情绪，从而在一个充满鼓励、谅解、支持和尊重的和谐环境中，享受愉悦的工作与生活。

研究表明，人们不仅能够意识到自己的情绪，还能够识别和评价他人的情绪。一个人的共情的敏感度与智力测试或学校成绩无关，甚至新生儿就具备共情这种能力。随着年龄的增长，孩子们会表现出越来越多的共情行为，如看到同伴跌倒时流泪，或安慰哭泣的朋友。具有同情心的孩子在学校更受欢迎，情感更稳定，表现也更好。

尽管共情能力是人的一种本能，但这种本能可能会因为情感淡漠、自私心态或主观情绪而逐渐丧失。为了提高洞察力、提高情商，我们需要培养共情能力，从而更好地理解他人，建立和谐的人际关系。

【自我测试】你的观察力如何？

三、影响力与情商

人际关系的复杂性要求个体具备多个方面的能力，其中包括社交影响力、沟通倾听能力、解决冲突的技巧以及建立合作与协调的素养等。在社交场合中，有些人天生具备强大的吸引力，能够迅速与众多人建立深厚友谊。然而，也不乏有人在社交场合表现得较为内敛，更偏好独处而非主动交流。

李开复在致大学生的书信中坦言，他自身在人际交往方面曾有所欠缺。他一度认为这并无大碍，直至遇到一位极具个人魅力的经理。这位经理并非以卓越的智慧著称，而是自豪于对公司中众多优秀员工的熟知，并与员工们建立了深厚的友情。李开复观察到，这种能力对公司的运营极为有利。例如，在选拔人才时，这位经理能提供详尽的候选人信息；在协调不同部门工作时，其广泛的人际关系网发挥了至关重要的作用。自此，李开复深刻认识到，处理人际关系的能力，尤其对于领导者而言，具有不可或缺的重要性，于是他开始重视并提升自己的社交影响力。

在技术研究与开发领域，沟通和说服的能力同样占据着举足轻重的地位。举例来说，当一项新技术研发成功并准备被转化为公司产品时，说服决策层便成为一项关键任务。为此，我们必须精心策划产品提案，并通过引人入胜的演讲与现场展示，使决策者深刻认识到这项技术对公司发展的巨大价值，以及即将问世的产品在市场中的巨大潜力。这些工作的成功实施，均要求我们具备出色的人际交往能力、自我展示技巧以及影响他人的策略。

人际关系的核心在于情感基础。人与人之间的亲疏关系、合作与竞争态势、友好与敌对情绪，均反映了彼此之间的心理距离，带有深厚的情感色彩。个体或群体之间的好感或反感，是他们的社会需求及其满足程度的情感体现。人际关系的构建涉及多个要素，其中相互认同、情感共鸣和行为协同至关重要。只有当这些要素得到满足时，人际吸引才会产生，进而形成稳固而和谐的人际关系。

相互认同在人际关系中扮演着至关重要的心理角色。首先，通过信息交流，人们逐渐相互了解并满足彼此的交往需求。随后，人际关系的心理距离会随着相互认同程度的变化而波动，且在群体中并非一成不变。即使是长期交往的朋友，他们之间的心理距离也并非始终如一。相互认同是情感相容和行为协同的前提。

情感共鸣，其表现形式多种多样，如彼此间的喜爱、亲近、同情与照顾等。那些推动人们相互接近、合作与联系的情感，我们称之为结合性情感；而与之相反，导致人们产生疏离感的情感，如憎恨、厌恶、冷淡与不满，则属于分离性情感。对于社会心理学家而言，情感共鸣的人际关系始终是一个关键的研究领域，它被视为构建人际关系的基石。

行为协同是指体现在人们之间的言行举止、交往方式、角色定位以及仪表风度等方面的相似性。当行为模式愈发接近时，人际关系的建立与深化便越加容易。因此，行为协同无疑也是构成人际关系的不可或缺的要素。

这一由相互认同、情感共鸣、行为协同共同构成的人际关系系统，对于个体的全面发展、心理健康的维护、正常社会生活的保持以及社会的整体进步，均发挥着积极的推动作用。

【自我测试】你的包容力如何？

【佳片有约】头脑特工队(Inside Out(2015))

《头脑特工队》是一部由皮克斯动画工作室制作的动画电影，于 2015 年上映。这部电影通过一个富有创意的故事，探讨了情感和心理的主题，让观众们深入思考内心的情感和思维过程。

影片的故事背景设定在一个名为"头脑总部"的地方，那是一个年轻女孩莱莉的大脑内部世界。影片通过五个不同颜色的情感角色来代表莱莉内心的情感：快乐(Joy)、悲伤

(Sadness)、恐惧(Fear)、厌恶(Disgust)和愤怒(Anger)。这些情感角色在莱莉的头脑中协同工作，管理她的情感和记忆。

影片的情节开始于莱莉从明尼苏达州迁移到旧金山，而在这个过程中，她的情感和记忆开始混乱。快乐与悲伤意外地被带入迷失的地方，留下了恐惧、厌恶和愤怒来管理她的情绪。这导致莱莉在新环境中感到困惑和痛苦。

随着故事的发展，快乐和悲伤必须一起努力，回到头脑总部，恢复莱莉的情感平衡。在这个过程中，她们遇到了许多冒险和有趣的场景，也让观众们了解到情感是多样且重要的。

电影《头脑特工队》通过引人入胜的故事情节和生动的角色，向观众们传递了一个深刻的信息：情感是人类复杂内心的一部分，各种情感都有自己的重要作用，我们需要接受并理解自己内心的情感体验。同时，影片也让人们反思情感对行为和决策的影响，以及在成长和适应新环境中的重要性。《头脑特工队》以其独特的视角和寓教于乐的方式，引发了观众们对情感、心理和人类内心世界的深刻思考。

第四章 社会心理学

【案例导读】生命的礼物

一个雾气蒙蒙的下午，在美国肯塔基州的黎巴嫩市，已有 10 周身孕的凯蒂·普多姆刚刚从学校接走她 4 岁的女儿维多利亚·雷。突然间，一条狗蹿了出来，冲到她的车子前面。她猛打方向盘躲过了狗，车却滑了出去，掉进一条 1 米多深的小河里。卡住的安全带把她绑在座位上动弹不得，维多利亚也被卡在了后座的儿童椅中。

"水淹进来，到处都是。"凯蒂说。31 岁的凯蒂是一位面点师，她不会游泳。"维多利亚一直在叫'妈妈，我冷，帮帮我。'这真是太可怕了。"就在她试图把孩子举起来让她的脸露出水面时，她听到了一个男人的声音：那是 52 岁的佩里·布兰德，他开车走在这条走了 27 年的路上时发现了她们。他一边轻声安慰这对母女，一边拔出他的塑料开信刀开始割安全带。十分钟后，母女二人平安获救，身上只有一点擦伤。七个月过后，凯蒂顺利产下一名男婴，她说："我欠佩里一条命。"佩里如今已成为当地的名人，但他只是庆幸事件已经过去了。"我想起来就会觉得后怕，"他说，"我知道当时情况有多么危险。"

为什么佩里能表现得如此勇敢？仅仅是因为当时的情境吗？还是因为他所拥有的某些品格？一般而言，是什么因素导致了助人行为的发生？相反地，人们为什么有时又会对他人的利益不管不顾？更宽泛地说，我们该如何改善社会环境，让人们得以和谐共处？

【问题思考】

(1) 什么是态度？态度如何影响行为？态度如何才能改变？

(2) 哪些因素影响着人际交往？

(3) 我们如何影响他人？

(4) 人际交往中有哪些常见的不良心理？

(5) 是什么使得有些人好斗？有些人友善？

心理学的大部分研究以个体为单位，然而，只有在本质上把人类行为当作社会行为(直接或间接受他人行为的影响)来考虑，才能正确地理解人类的行为。哈佛大学一项持续 75 年的研究表明，良好的人际关系是良好生活的秘钥。在这一章里，我们将和你一起探索人类是如何相互影响的。

社会心理学是一门专注于探讨个体思维、情感与行为如何受他人影响的学科。社会心理学家关心我们与他人相处时的行为，关心这些行为为什么会变化以及怎样变化，关心环境特征怎样影响我们的行为。

第一节　态度与社会认知

一、说服：改变态度

说服是社会心理学的核心概念之一，它与态度紧密相关。态度是对特定人物、行为、信念或概念的评价，而说服则是改变态度的过程。态度的改变受到多种因素的影响，包括信息的来源、信息的特点以及说服目标的特点等。

信息的来源对说服效果具有重要影响。说服者，即传达信息的人，对说服的成功起着关键作用。具有高外表吸引力和魅力的说服者往往能够引起更大的态度改变。此外，除非听众已经预先认为说服者有其他动机，否则说服者的专业知识和高可靠性也将有助于提高说服力。

信息的内容也是影响说服效果的关键因素。一般来说，双面信息(同时包含说服者立场和对立立场的信息)比单面信息(仅包含说服者立场的信息)更有效。这是因为听众很可能已经对议题有所了解，单面信息可能会被视为隐瞒。双面信息可以通过反驳对立观点来加强说服力。此外，如果能够将唤起恐惧感的信息(如"如果不使用安全套你可能染上艾滋病")与相应的解决方案一同传达，说服效果会更好。然而，需要注意的是，如果恐惧感过于强烈，可能会激发听众的自我防御机制，导致信息被拒绝处理。

说服目标的特点同样重要。说服者的信息需要针对听众的特点进行调整，以增加被接受的可能性。例如，如果一个人经常接触新闻，对某个观点已经有所了解，那么即使这个观点是荒谬的，他也可能接受。

态度通常会影响行为，尽管这种关联的强度因情况而异。人们通常希望自己的态度和行为保持一致，并且大多数时候我们也能够做到这一点。然而，有趣的是，这种关系的逆向形式同样成立——行为也常常塑造态度。心理学家通过一个名为"认知失调"的经典实验成功证实了这一点。

【经典实验】认知失调：我们看到的是自己想看到的

在社会心理学领域，认知失调理论占据着核心地位。这一理论的含义是个人信念、观点和活动之间出现不一致时，会引发个体内心的不安，进而驱使个体采取行动以减轻这种不安。该理论是美国心理学家莱昂·费斯汀格(Leon Festinger)于1957年提出的。

费斯汀格和他的团队设计了一个单调和乏味的任务，让参与者经历了一段无聊的时间。他们首先要求参与者摆放和整理12个没有线的线轴，重复这个动作长达30分钟。这个活动本身就足够无聊，但实际上，接下来的任务更加令人厌烦。接着，他们用一块带有48根钉子的板子替换了线轴，指导参与者将每根钉子顺时针转四分之一圈，然后再转下一根，一直重复到所有钉子都转动过，然后再从头开始。同样，这个动作也持续了 30 分钟。费斯汀格的目的就是为了让参与者感到极度无聊。

接下来是实验有趣的部分：在参与者完成这个任务之后，他们被告知实验者的助手不在，下一个参与者正在另一个房间等待，他们被要求向下一个参与者告知这个任务很有趣。有些参与者因为说谎获得了 1 美元，而其他人则获得了 20 美元。

完成对下一个参与者的描述后，他们进入另一个房间填写了一份问卷调查，其中包含对这个活动有趣程度的评估。你认为在这种情况下会发生什么呢？

研究结果显示，拿到 20 美元的参与者认为这个活动极其无聊，而那些只拿到 1 美元的人则认为这个活动并没有那么糟糕。

这一结果表明：费斯汀格和他的团队成功地制造了认知失调。尽管这些人经历了极其无聊的活动，但他们却向别人说这很有趣。对于拿到 20 美元的人来说，他们可以认为这是值得的，因为他们得到了报酬，所以内心不会感到不安。然而，那些只拿到 1 美元的人可能会感到有些不安，这就是费斯汀格所说的"认知失调"。为了克服这种不安，这些参与者会试图说服自己，欺骗自己这个任务真的没有那么糟糕。

二、社会认知：了解他人

即便是第一次见到某个人，我们也会对其形成印象。这个印象可能是好的，也可能是不好的；可能是对的，也可能是不对的。然而，这一可能并不正确的印象却起着举足轻重的作用，这个第一印象会影响到我们对这个人后续行为的判断。为此社会心理学一直关注的问题之一就是我们如何理解他人以及我们如何解释他人行为背后的原因。

1. 印象形成

印象形成是指人们如何将关于他人的信息整合在一起，以形成一个全面的看法。在早期的一项经典研究中，学生们被告知他们将见到一位客座讲师。学生们被随机分为两组，第一组得到的描述是这位讲师是"一个热情的人，勤奋、严厉、务实且果断"，而第二组则被告知他是"一个冷漠的人，勤奋、严厉、务实且果断"。研究发现，第一组学生对讲师的评价远高于第二组。这个实验表明，仅仅是通过改变一个形容词，即将"冷漠"改为"热情"，就能显著地改变学生对同一人的评价，尽管讲座内容在两组之间是相同的。

这项研究引起了人们对印象形成过程中某些关键特质的关注，这些特质被称为"中心特质"。研究者发现，中心特质能够改变其他特质的含义。例如，"勤奋"这个特质在与"热情"这个中心特质相结合时，与和"冷漠"相结合时的含义有很大的不同。

印象形成是一个迅速的过程，仅凭一些"行为碎片"，我们能在几秒钟内对一个人做出判断，而且这种判断往往相当准确，与基于大量行为作出的判断相似。

当然，随着我们更深入地了解一个人，并在不同情境下观察他们的行为，我们的印象会变得更加复杂。然而，由于我们对别人的了解总有局限，我们还是会倾向于将他们归入某些典型的人格类型中。例如，如果我们有一个关于"社会型人"的图式，包括友善、进取心和开朗等特质，那么只要某个人展现出这些特质中的一到两项，我们就会倾向于将他们归入这个类型。

尽管这些人格图式可能不是完全准确的，但它们是不可或缺的，因为它们让我们对别人的行为有期望。这些期望帮助我们更好地规划与他人的互动，使复杂的社会关系变得更为简单。

【心理百科】人际交往中常见的心理效应

1. 首因效应

首因效应(Primacy Effect)是指在印象形成过程中，最先接收到的信息比后来接收到的信息更具影响力的现象。在呈现多个信息的情境中，比如面试、演讲或初次见面时，人们往往会更加重视最先听到的信息。这是因为第一个印象往往是最鲜明的，也最能够吸引人的注意力。这种现象可能是因为大脑在处理信息时的一种顺序编码机制，即先入为主的信息更容易被记住，因此在后续的评价和决策中最先收到的信息会占据更重要的地位。

首因效应的重要性在于，它对人际关系和决策过程的影响很大。在人际交往中，第一印象可能会持续很长时间，并对双方的行为和态度产生长期的影响。在决策过程中，最先得到的信息可能会不自觉地影响到对后续信息的解释和评估。

为了克服首因效应可能带来的偏见，人们在进行决策或评估时应该有意地寻求更多的信息，给予后来接收到的信息足够的重视，以确保最终的判断是基于全面和客观的考虑。

2. 光环效应

光环效应(Halo Effect)又称为晕轮效应，是指在对一个人或事物进行评价时，其中一个显著的正面特征会影响评价者对该人或事物其他特征的看法，使得其他特征也显得更加积极。这种现象得名于人们观察太阳时，由于太阳周围的光环，使得整个视野都显得亮丽的现象。

光环效应是一种认知偏差，它会导致评价者忽视其他不那么显著的信息，而过分强调或放大最初的正面印象。例如，如果一个人被认为很有魅力，那么评价者可能会认为这个人在其他方面也非常出色，如智力、技能和人格等。相反，如果一个人给人留下了某个非常明显的不好的印象，那么其他方面的特征也可能被低估。光环效应在日常生活中的许多方面都有体现，如在产品营销中，一个品牌的知名度和声誉可能会让消费者对其产品的其他特性也有正面的预期。

为了减少光环效应的影响，人们需要在评价过程中采取更加客观和全面的方法，注意考虑和权衡所有相关的信息，避免让单一的或突出的特征影响整体的判断。

3. 刻板印象

刻板印象(Stereotype)是指人们对某一特定群体持有的固定化和简化的看法和期望。这些看法通常基于对某群体成员的性别、种族、年龄、职业、宗教或其他社会分类特征的概括性判断。刻板印象可能是基于个人的经验，也可能是从文化传承中获得的。

刻板印象可以是正面的，也可以是负面的。例如，有些人可能认为老年人是智慧和经验的象征，还有一些人可能认为年轻人是不成熟和不负责任的。刻板印象的问题在于它们往往是基于片面或过时的信息，忽略了个体差异和多样性。因此，刻板印象可能导致对群体的不公平对待和歧视。

在心理学和社会学领域，研究刻板印象的目的是提高人们对个体差异的认识，减少基于刻板印象的偏见和歧视行为。这需要通过教育和意识提升来促进人们对不同群体的深入了解，以及鼓励人们反思和挑战自己的刻板印象。

刻板印象在现实生活中有着广泛的影响，它们可以影响个人的招聘决策、社交行为、政治态度以及对事件的解释和反应。因此，认识到刻板印象的存在并努力克服它们，对于建立一个更加公平和包容的社会至关重要。

2. 归因过程

我们常常会对别人的行为感到困惑。例如，我们可能不明白为什么室友的心情会突然变得很糟糕，或者为什么一个学习成绩优秀的学生会做出极端的选择。与社会认知理论关注人们如何形成对他人的印象不同，归因理论旨在解释我们如何根据个体的行为样本来判断其行为背后的原因。

在大多数情况下，我们会通过以下几个步骤来判断行为或事件的原因：首先，我们注意到某个不寻常的事件，比如网球明星费德勒表现不佳。随后，我们会尝试找到解释。通常我们会首先有一个初步的解释，比如我们认为费德勒可能前一晚没睡好。然后，根据可用的时间、认知资源(例如我们对此事件关注的程度)和我们的动机(这也取决于事件的重要性)，我们会决定是接受这个初步解释，还是对其进行修正(比如费德勒可能生病了)。如果有足够的时间、认知资源和动机，归因会变成一个解决问题的过程，我们将继续寻找更完善的解释。在得到满意的最终解释之前，我们可能会尝试多种可能的解释。

在解释行为时，我们通常需要回答一个问题：行为的原因是情境因素还是个人特质？如果行为的原因是环境，那就是情境原因。例如，如果有人打翻了牛奶后不得不擦洗地板，我们不会认为这是个爱干净的人，因为是情境迫使他/她这么做。然而，如果一个人经常花几个小时擦洗地板，那么我们可能会认为他/她是个爱干净的人。这时，引发行为的是个人特质原因，即行为的原因在于个体的特质(他/她的内在特质或人格特点)。

3. 归因偏差

没有人是完美无缺的，如果人们能够像归因理论建议的那样总是理性地分析信息，那么世界可能会更加和谐。然而，现实情况是，尽管归因理论通常能够准确解释人们的行为原因，但人们却很难始终如一地以逻辑方式理解信息。研究显示，在归因过程中，人们往往会犯一些典型的错误。

(1) 晕轮效应。

小美是个聪明、善良又充满爱心的孩子。那么小美是否同时也是一个认真尽责的人呢？如果让你猜，你的回答很可能是肯定的。这就是晕轮效应，即如果你一开始就觉得一个人挺不错，那么你就会基于其好的特质来推测其他未知方面的特质。反过来也一样，如果你知道小美不友善又好斗，你可能会觉得她一定也很懒惰。然而，集全部优点或缺点于一身的人几乎不存在，所以晕轮效应常常会导致对他人的误解。

(2) 假定相似偏差。

你认为自己在态度、观点和喜好方面和朋友的相似度有多高？大多数人会认为朋友与自己十分相似，并且在归因过程中容易把这种想法进一步扩展，这就是所谓假定相似偏差(assumed-similarity bias)，意思是人们总是倾向于认为别人与自己相似，即使他们只是第一次见面。世界上的人千差万别，因此这一假定常常会降低判断的准确性。

(3) 自利偏差。

如果球队获胜，教练可能会认为自己指导有方；如果球队输球，教练可能会认为队员水平不足。类似地，如果你考试得了 A，你可能认为自己学习努力；但如果考试不及格，你可能认为老师教得不好。这就是自利偏差，即将成功归因于个人因素，而将失败归因于外部因素的倾向。

(4) 基本归因错误。

最常见的归因偏差之一是将他人的所有行为都归因于个人特质，而忽视了情境因素，这被称为基本归因错误。在西方社会，这种倾向很普遍。我们倾向于过分强调人格特征的影响(特质原因)，而忽视环境因素的作用(情境原因)。例如，我们可能认为一个经常迟到的人是懒惰的，因为他们不愿意早起赶公车(特质原因)，而没有考虑到迟到可能是由于情境原因，比如他们必须等待保姆到来才能出门。

第二节　群体与社会影响

设想你刚转学到了一所新学校，迎来了第一堂课。教授走进教室时，所有学生都立刻跪下并开始唱歌，同时身体摇摆。你之前从未遇到过这样的场景，也不理解其背后的含义。这时，你会迅速学习他们的行为还是保持静坐不动？迅速学习他们你会无所适从，但保持静坐不动你可能也会无比尴尬。

为什么在群体中我们会感受到如此强烈的一致性压力呢？群体(广义上指的是他人)在我们的生活中扮演着至关重要的角色。在社会心理学中，群体被定义为由两个或更多人组成的实体，他们相互互动，认同彼此为群体成员，并相互依赖。这意味着影响一个成员的事件也会同时影响其他成员，而成员的行为在很大程度上决定了群体目标是否能实现。

社会影响是指个体或群体的行为对他人行为产生影响的过程。根据社会影响的研究，在上文中这种情境下，个体几乎总是倾向于选择模仿他人的行为。你可能也遇到过类似的情况，其中群体一致性的压力如此巨大，以至于你不得不做出在其他情况下不会做出的改变。

群体有自己的规范，即对成员行为的期望。我们都知道，不遵守群体规范会导致与群体其他成员的关系疏远，轻则被排斥，重则可能被嘲笑甚至被驱逐出群体。因此，人们通常会遵循群体的期望。接下来，我们将探讨三种不同的社会压力：从众、依从与服从。

一、从众

从众是指个体在群体影响下，为了与多数人保持一致而采取相应行为或观点的现象。这种行为通常发生在个体对某种情况不够了解，或者希望避免冲突、被排斥，以及想要获得认同和归属感时。从众行为可以体现在日常生活中的小事上，如穿着、言语、饮食习惯，也可以体现在重大决策上，如政治立场、宗教信仰等。

具体而言，影响从众的主要因素有如下几点：

(1) 群体特征。

当群体对个体的吸引力增强时，个体从众的可能性也会相应增加。同时，个体在群体中的社会地位也是影响从众行为的一个重要因素：在群体中地位较低的个体更容易受到群体压力的影响。

(2) 个体所处的情境。

在需要个体公开表达观点或选择的情况下，从众行为更易发生。据说匿名投票制度的推行就是为了消解这一效应的消极影响。

(3) 任务的性质。

在遇到不明确或模糊的任务及没有确切解答的问题时，人们更容易受到社会压力的影响而采取从众行为。当被询问个人喜好等主观意见时，相较于询问事实性问题，人们更倾向于与他人保持一致。另外，当个体处在自己不熟练的领域，但该领域却是群体中其他成员所擅长的领域的时候，从众的可能性也会增加。例如，一个不常使用电脑的人在和一群计算机专业人士讨论电脑品牌时，可能会感受到从众的压力，并倾向于同意群体的观点。

(4) 群体一致性。

在群体中，当所有成员都一致认同某个观点时，从众的压力将会达到最大。然而，如果在这个一致性中有一个持有不同意见的成员，且该成员有一个支持者，即社会支持者，那么这种从众压力就会得到缓解。实际上，单是一个人提出异议，就可能大幅降低从众的可能性。

值得注意的是，从众并不总是负面的，有时它可以帮助个体快速适应新环境，或者在不确定性较高的情境中做出决策。然而，从众也可能导致个体放弃自己的价值观和判断，盲目追随他人，从而忽视了个人的利益和独立性。

【经典实验】你会向同辈压力屈服吗？

你愿意坚持自己认为正确的观点吗，即使很多人不同意你？你的独立性到底有多强？在群体中，人们常常倾向于跟随群体的决定，比如"我们去吃晚餐吧"或者"我们一起唱生日快乐歌吧"。但有时，会有一些人选择与众不同的行为。行为主义心理学家所罗门·E. 阿希试图确定多少人会被群体中的其他人影响。

在一个心理学实验中，一位男大学生被邀请参加一个由其他学生组成的小组。他发现其他人都正在走廊里等待。他们一起进入了一间教室，这位新来的被试发现自己坐在倒数第二个位置，在他前面还有六七个人。但他不知道的是，其他所有人都是实验者安排的"托儿"，他们要遵循一套严格的指令，而他是唯一的外来者，也就是"目标被试"。

一位研究者进入房间，向大家说明即将进行的一项任务是判断线段长度的相对大小。在每轮实验中，研究者展示一张卡片，上面画有三条不同长度的黑线，还有一张独立卡片，上面画有一条测试线。测试线的长度与第一张卡片上的三条线段中的一条相等，如图 4.1

所示。这些线段的长度介于 1 至 10 英寸(2.5 至 25 厘米)之间。小组成员需要指出与测试线等长的线段是哪一条。

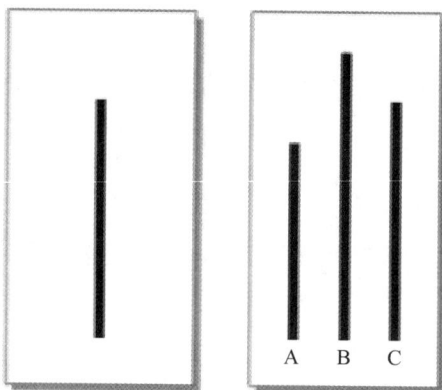

图 4.1　判断线段长度

　　接下来是实验的关键部分：每个人需要依次大声宣布他们的选择。目标被试是倒数第二个发言的人，因此，在他说出自己的答案之前，他会听到其他几个人的选择。每轮实验包含 18 个测试次数，由 9 个重复的测试次数组成。

　　实验中的"卧底"始终给出一致的答案，因此，如果第一个人说答案是 B 线段，其他人也会跟着说 B 线段。在前两个测试次数中，大家的答案都是正确的。但在第三个测试次数中，实验"卧底"故意给出错误的答案。这时，目标被试会感到困惑，他必须做出选择——是坚持自己认为正确的答案，还是跟随大多数人的意见。这是一个艰难的决定，因为他必须公开表达自己的答案，这也意味着他必须指出其他人都是错误的。

　　为了确保被试能够轻松地识别出正确的线段，阿希做出了一系列实验安排：被试可以单独查看所有线段，并记录下自己的答案。在没有群体压力的情况下，被试的正确率超过了 99%，这表明任务并不复杂。

　　阿希重复了数十次实验，总体结果显示，在 37% 的测试次数中，目标被试屈从于大多数，给出了"错误"的答案。一些目标被试始终保持着独立性，不理会其他组员的意见。而其他被试则完全放弃了独立思考，每次都跟随大众。还有一些人采取了中间立场，在 20% 的测试次数中给出了错误的答案，他们的答案虽然不至于完全错误，但仍然是错误的。

　　阿希得出了一系列结论。当只有两名或三名实验"卧底"时，目标被试保持"独立"的可能性更大，较少"随波逐流"。来自多数人的压力并没有随着时间增加，大多数目标被试的独立程度保持一致。因此，群体压力确实存在，尽管这些实验仅仅是关于判断线段长度——我们还需要更多的实验来研究群体压力的影响程度，但通常情况下，正如一位受影响的被试所说："成为'少数群体'并不容易。"

二、依从

　　依从是指个体在他人请求或权威指示下，为了遵守规则、满足需求、避免惩罚或获得奖励而采取的行为。依从可以是一种暂时的、表面的行为，不一定反映个体的内心信念或真实意愿。在社会生活中，依从是普遍存在的，它有助于维护社会秩序和协作。例如，人们依从交通规则、法律法规、公司政策等，以确保社会运行的顺畅和安全。依从也可以是亲子关系、师生关系、医患关系等中的重要组成部分。

依从与从众有所不同。从众是指个体在群体压力下，为了与多数人保持一致而采取的行为，这种行为可能并不受到外部的直接请求或指令影响。而依从的行为可能是个体自愿的，也可能是害怕被排斥或想要获得认同而导致的。

获得他人依从有诸多技巧，主要的有以下几种。

1. 登门槛技术

一位销售人员来到你家，向你提供一个低成本的试用产品，你可能会想既然没有太大损失，就同意了。不久，他再次拜访，这次推销的是一个价格更高的商品。因为你已经接受了最初的小型产品，你可能会发现拒绝这个更大的请求变得更加困难。这位销售人员采用了一种策略，其被称为"门槛效应"或"渐进承诺技术"。这种策略涉及先提出一个较小的请求，一旦被接受，再提出一个更大的请求，此时，满足较大请求的可能性会增加。

门槛效应为何有效？一种理论是，一旦人们接受了小的请求，他们会对该事物产生兴趣，从而增加他们对后续行动的参与度，这就提高了依从的可能性。另一种理论涉及个体的自我认知，如果一个人遵守了第一个请求，他可能会建立起一种自己是好人或乐于助人的自我形象。当后来面临一个更大的、可能令人不适的请求时，为了保持这种自我形象的一致性，避免认知失调，人们可能会更倾向于同意。

尽管目前尚不确定哪种解释更为准确，或者是否还有第三种解释，但门槛效应显然是一种有效的策略。

2. 留面子技术

一位筹款人员向你提出捐款 500 美元的要求，你笑着回应说你负担不起。然后，她降低要求，问你是否愿意捐出 10 美元。在这种情况下，如果你和其他人一样，你可能会更倾向于接受这个较小的捐款请求，而不是一开始就捐款 10 美元。这种策略被称为"留面子技术"，它涉及先提出一个过高但预期会被拒绝的要求，然后在被拒绝后提出一个较低、更合理的要求。这一技术与登门槛技术相反，但同样能有效提高顺从的可能性。

留面子技术在各种情境中都有应用。例如，你可以尝试先向父母要求一大笔零花钱，然后在他们拒绝后，再提出一个更合理的要求，看看这种策略是否有效。同样的，电视节目编导有时会在剧本中加入一些明显会被审查人员删除的低俗内容，他们知道这些内容不会通过审查，但这样做可以保护剧本中真正重要的部分不被修改。

3. 折扣技术

我们可以通过如下例子理解折扣技术：销售人员先提供一个高于实际价格的虚假高价，然后迅速提供一个吸引人的折扣或赠品来推动销售。

这个方法看似简单，但其实非常有效。在一项研究中，研究者设置了一个小摊位出售蛋糕，每个蛋糕的价格是 75 美分。在一种情况下，研究者直接向顾客告知蛋糕的价格是

75美分。而在另一种情况下，研究者先告诉顾客蛋糕的原价是1美元，然后告诉他们现在有一个折扣，价格降到了75美分。尽管实际上两种情况下的价格是一样的，但更多的人选择了购买所谓的"特价"蛋糕。

三、服从

如果说依从是一种较为"温和"的方法，用来引导人们接受请求，那么服从则是在他人命令的影响下产生的行为改变，这种改变带有更大的强制性。虽然服从不如从众和依从那样普遍，但在特定的社会关系和互动中，服从仍然会发生。例如，我们在老板、老师或父母面前服从，是因为他们有权力对我们进行惩罚。

为了更清楚地理解服从，请设想一个陌生人对你说出以下这番话：

我发明了一种增强记忆能力的新方法。你要做的就是教一些"学习者"学习单词表，然后进行测验。测验过程中只要学习者回答错误你就对其实施电击。你要操作的是一台"电击发生器"，电压范围为15~450伏。在仪器上相应数字的下方标有文字说明，15伏下面写着"轻微电击"，而最高的450伏下面则写着"危险：严重电击"并画有三个红色的"×"。但别担心，电击虽然很疼，但不会造成永久性伤害。

面对上述要求，你会答应吗？答案很可能是否定的，而且你不仅觉得自己不会这么做，同时也会认为其他人也不可能答应这个陌生人奇怪且荒唐的要求。原因很明显，这一行为已经超出了我们的理智范围。可是，如果这个陌生人是要求你帮助他进行一项心理学实验呢，你会答应吗？如果这一要求来自于你的老师、老板或长官，你又会有什么样的选择呢？

【经典实验】你何时会停手

耶鲁心理学教授斯坦利·米尔格拉姆想要探究被试对权威的服从性有多高。他的灵感来自查尔斯·珀西·斯诺在1961年发表的言论："可怕的罪行更常因为'服从'而犯下，而非'反抗'。""二战"期间，数百万无辜的人在命令之下死于屠杀和集中营的毒气——这是一个让人痛苦的事实。

"老师"和"学生"

米尔格拉姆邀请了40位被试参加一项学习实验，实验在表面上是为了测试惩罚对记忆的效果有何影响。每名被试都在耶鲁大学的实验室中见到了另一个人——一名穿着灰色实验外套的冷漠、严肃的研究人员(图4.2中的E)。研究人员向他们解释了实验流程，一开始他们需要从一项帽子中抽签，以确定哪些人做"老师"(图4.2中为T)，哪些人做"学生"(图4.2中为L)。实际上，抽签是事先安排好的，所有的纸条上都是"老师"，因此被试抽到的永远是"老师"。

随后，"老师"会看到被绑在椅子上的"学生"和贴在学生手腕上的电极片。如果"老师"质疑这一点，研究人员便会解释说："虽然电击会造成痛苦，但它不会对人体造成永久性的损害。""老师"接着被带到另一个房间，并且只能通过麦克风和耳机与"学生"进行交流。

记忆测试的过程是，"老师"朗读一系列配好对的单词，接着说出某个单词以及四个选项，"学生"必须选择出正确配对的选项。如果"学生"回答正确，"老师"就接着念列表中的下一个单词。如果"学生"回答错误，"老师"便按下开关，对"学生"施加电击。有30个排成一列的开关，"老师"从第一个开始按，"学生"每错一次，便向后移动一个开关。

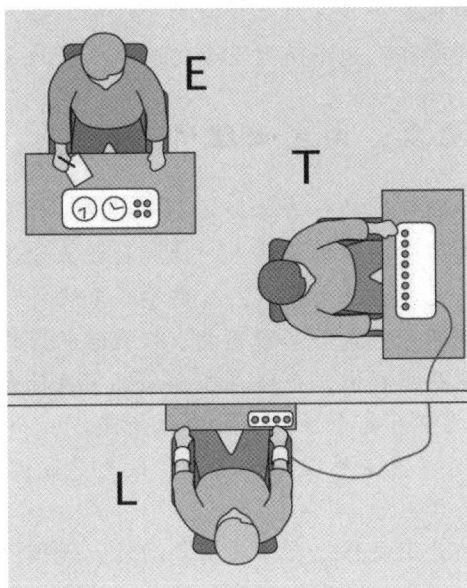

图 4.2

他们何时会停手？

第一次电击只有 15 伏("轻微电击")，但接下来的电压越来越高——30 伏、45 伏、60 伏，一直到 420 伏("危险的重度电击")和最高的 450 伏。

在实验开始之前，为了令"老师"相信电击的真实性，研究人员给"老师"施加了一个 45 伏的试验电击。

事实上，"学生"是米尔格拉姆的同事——一名训练有素的 47 岁的会计师，"电击发生器"是假的，他没有受到任何真实的电击。"学生"不停地回答问题，其回答基本都是错误的，因此"老师"施加的电压一直加到 300 伏。这时，"老师"通常会向研究人员寻求指示，研究人员会让他们给出十秒钟的等待时间，然后施加下一次电压更高的电击。

没过多久，"老师"会再次询问是否应该继续实验。研究人员会礼貌但坚定地给予一系列的指令：

1. 请继续。
2. 实验要求你继续。
3. 你必须要继续。
4. 你没有其他选择，你必须继续。

你认为会有多少"老师"拒绝继续施加虐待？你或许以为大多数人会很快拒绝，一些心理学家也预测，即使在最糟糕的情况下，将实验进行到底的被试也仅占总体的 3%。但事实上，在 300 伏电压以下的挡位，没有一个"老师"停手，并且坚持到施加最高 450 伏电压的电击的人数超过了 26 个，这一比例超过 65%。

随着每次实验的进行，所有的"老师"都大量地出汗、颤抖、发抖、呻吟，指甲抠进手掌中，其中 14 个人因过于紧张而突然笑出声。

上述系列实验的惊人结果发人深省。各国的众多士兵因可怕的暴行被起诉——包括强奸和杀害无辜的平民——他们是否只是服从了来自上级的指令？如果是，这是否可以减轻他们对自己的所作所为负的责任？这个问题至今仍具有高度的争议性。

【经典著作】《乌合之众：大众心理研究》

《乌合之众：大众心理研究》的作者古斯塔夫·勒庞，作为法国著名的社会心理学家与社会学家，被公认为是群体心理学的奠基人。他起初致力于医学研究，后来却转而投身于群体心理学领域，他的研究涉及三个领域：人类学、自然科学和社会心理学。

《乌合之众：大众心理研究》是一本研究大众心理学的著作。在书中，勒庞详尽地剖析了群体及其心理特征，他明确指出，个体在孤立状态下往往表现出鲜明的个性化特质。然而，一旦个体融入群体之中，其个性便会被群体所淹没，个体的思想也随即被群体的思想所替代。群体在存在时，常常展现出情绪化、缺乏异议以及智商水平相对较低等显著特征。

这本书是群体心理学的开山之作，在涉及需要动员大规模群众参与的各项行动时，无论是政治家激发国民热情、商界推动群体消费，还是媒体影响民众意愿，这些行动往往都巧妙地运用了勒庞的理论。诸多行动方案都深受勒庞群体心理分析的启发，并以此为基础进行制定。

第三节　刻板印象、偏见和歧视

当你听到被某人描述为"非裔美国人""女司机"或"同性恋"时，你的脑海中是否会迅速浮现出一些特定的印象？和大多数人一样，你可能会在不知不觉中对这些人的身份产生一些先入为主的看法。这些看法通常是由刻板印象所形成的，即对特定社会群体的成员持有的过于简化和一般化的信念和预期。刻板印象可能是正面的也可能是负面的，并且它们是我们在对大量日常信息的处理和分类过程中形成的。刻板印象的典型特征是过度简化：我们往往不是根据个体的独特性格或特质来评价他们，而是将我们认为其所属群体具有的普遍特征强加给他们。

刻板印象可能导致偏见，即对特定群体及其成员的消极(或积极)评价。例如，如果人们基于一个人的种族而非其个性或能力来评价他，这就构成了偏见。虽然偏见可能是积极的(如"我喜欢中国人")，但社会心理学家更关注的是消极偏见(如"我讨厌移民者")及其成因。

刻板印象和偏见常常针对民族、宗教、性别和种族等群体身份。历史上，许多群体都被贴上过各种负面的泛化标签，如"懒惰""狡猾"或"残忍"。尽管当今社会在取消种族隔离制度等方面已经取得了显著进步，但针对许多群体的刻板印象依然根深蒂固。

刻板印象确实会带来不良的社会后果。消极的刻板印象可能导致歧视，即根据个体的群体归属来决定对待他们的方式。歧视可能导致特定群体的成员在就业、教育等方面受到不公平对待，其获得的薪酬和福利也较低。在招聘时，雇主可能更倾向于招聘与自己种族相同的员工，从而使歧视成为优势群体获得更好待遇的原因。

刻板印象不仅会导致公然的歧视，还可能使刻板印象所针对的群体成员自身表现出相应的行为，从而验证刻板印象。这种现象被称为自证预言，即对未来事件的期望反过来增加了该事件发生的可能性。例如，如果人们认为某个群体的成员都缺乏抱负，这种刻板印象可能会被该群体的成员所内化，并逐渐表现出缺乏抱负的行为。

一、偏见形成的基础

观察学习和心理发展理论指出，儿童对不同群体成员的看法很大程度上受到父母、其他成年人以及同龄人的行为影响。例如，如果父母持有顽固的偏见，他们可能会将这些偏见传递给孩子。孩子们也会通过模仿大人的行为来学习偏见。这种学习过程在儿童早期就开始了：六个月大的婴儿就已经会对不同肤色的人展现出不同的注视时间，而到了三岁时，他们可能会开始偏好同种族的人。

大众传媒不仅对儿童，也对成人传递着刻板印象。当人们接收到的关于某个群体的信息仅来自媒体，而这些信息又不准确时，刻板印象就可能被加强、保持或进一步发展。

还有理论从个体自尊的角度来探讨偏见和歧视的成因。社会认同理论认为，人们将群体身份视为自豪感和自我价值的重要来源之一。人们倾向于从自己的种族角度看待世界，并根据自己的群体身份来评价他人。"我是中国人我自豪"或"黑皮肤就是美"这样的口号反映了群体身份对个人自尊的重要性。

然而，通过群体身份来提升自尊可能会产生一些意想不到的后果。在追求自尊的过程中，我们可能会开始认为自己的群体(内群体)比其他群体(外群体)更优越。这意味着我们可能会过分强调内群体的积极方面，同时低估外群体的价值。最终，这可能导致对所有外群体成员产生偏见。

二、偏见和歧视的测量

人们会不会有偏见而不自知？或是有偏见而不敢公开表达？内隐联想测验(Implicit Association Test，IAT)的发明者会回答"是"。人们往往不会轻易地透露他们对不同群体成员的真实感受，无论是对自己还是对他人。尽管他们可能认为自己没有偏见，但他们在实际行动中可能会无意识地根据种族、宗教信仰或性取向来区分对待他人。

IAT 是一种巧妙的测试方法，用于评估人们对不同群体成员是否存在潜在的歧视倾向。这种测试的设计是为了克服传统问卷调查在测量偏见时的局限性。因为大多数人都会在回答问题时有所保留，因此直接询问"你更愿意与 X 群体还是 Y 群体的成员交往？"这样的问题只能揭示最明显的偏见，而对于那些隐藏或伪装的偏见则无能为力。

IAT 的设计者认为，人们无意识的反应能够揭示他们真正的偏见。我们的文化环境教育我们以特定的标准来评判特定群体的人，因此我们对于这些群体的认知往往反映了我们所处的文化。一项在美国开展的内隐偏见的研究结果表明，大约有90%的参与者表现出对黑人的内隐偏见，超过 2/3 的非阿拉伯人和非穆斯林对阿拉伯人和穆斯林存在内隐偏见，超过80%的异性恋者对同性恋者存在内隐偏见。

当然，拥有内隐偏见并不一定导致外显的歧视行为，这是 IAT 的一个局限性。然而，这些结果已经足够显示出文化教育对人们潜移默化的深远影响。

三、减少偏见和歧视

为了减少偏见和歧视带来的不良影响，心理学家们提出了几种有效的策略：

首先，增加不同群体成员之间的互动和接触。美国最高法院在1954年的一项具有历史意义的裁决中宣布，学校种族隔离违反了宪法，其中一个支持理由就是社会心理学研究表明，隔离对受歧视群体的学生的自尊和学业成绩有负面影响。取消学校隔离的目的是期望通过增加不同种族学生之间的交流，来逐步减少彼此之间的偏见和歧视。研究指出，只有当接触是紧密的、平等的、合作性的且双方相互依赖时，才能有效减少消极的刻板印象。

其次，明确宣扬和强化反对偏见的社会价值观和规范。仅仅提醒人们关注公平和平等的价值观，就可以在一定程度上减少歧视行为。那些接受过反种族主义教育的人更有可能反对种族歧视。

最后，提供更多关于刻板印象对象的全面信息。教育是改变刻板印象、偏见和歧视的最直接方法：通过让人们了解刻板印象对象的积极方面，可以有效地改变他们的看法。例如，向持有偏见的人解释刻板印象对象的行为后，他们可能会更加理解这种行为背后的意义。

【心理百科】任何时候都不要以己度人

心理学家希芬鲍尔曾做过这样一个实验：邀请一些大学生作为被试者，并将他们随机分为两组，其中一组学生观看令人心情愉悦的喜剧电影，另外一组学生观看会导致恐惧情绪的恐怖电影。两组被试在观看电影之后看相同的一组中性表情照片并给出判断，结果既是意料外的也是意料中的。观看喜剧电影的被试认为所看照片的表情是开心的，而看恐怖电影的被试认为所看照片的表情是紧张害怕的。相同的照片在不同组被试眼中有截然不同的情绪表达，这是令人诧异的，但这一结果并不难理解。实验说明，人们会将自己的情绪投射到他人身上。自己开心看他人的中性表情也是开心的；自己恐惧看他人的中性表情便是恐惧的。这就是著名的"投射效应"，这一效应对人际关系有着至关重要的影响，因此我们在与人交往时，一定要牢记并学会正确运用这种效应。

有这样一则关于苏东坡的轶事：著名的文学家苏东坡前往金山寺与禅宗高僧佛印法师共坐修行。坐了一会儿后，苏东坡感到心境舒畅，便向法师询问自己的打坐姿势。佛印法师审视后，称赞道："你的姿态非常庄重，宛如一尊佛陀。"苏东坡听后心情愉悦。接着，佛印法师反过来询问苏东坡对他的看法。素来喜欢与法师开玩笑的苏东坡，并没有放过这个机会，他看了看法师，开玩笑地说："你坐的样子像一堆牛粪。"令人意外的是，佛印法师听后不仅没有恼羞成怒，反而笑了起来。苏东坡认为自己这次是在口头上赢了佛印禅师，心里有点得意。回家后他喜滋滋地告诉妹妹，说自己赢了佛印禅师。

苏小妹严肃地反问哥哥如何能够在禅修上胜过佛印法师。苏东坡眉飞色舞地告诉妹妹刚刚发生的事情。才智过人、深刻理解佛法的苏小妹听罢，认真地说："哥哥，实际上是你输了。佛家有一句话叫'佛心自现'，意思是法师心中有佛所以看你如佛，而你却将法师视为牛粪，这就是因为你心中有牛粪。"苏东坡立刻明白了，感到非常羞愧。这里所说的"佛心自现"实际上是指心理学中的一个现象——投射效应。

所谓投射效应，是指个体在评估他人或外部环境时，倾向于将自己的态度、情感、意愿或信念等心理特征投射到他人或环境中去。这种心理现象的产生通常是无意识的，它可能会影响人们的判断和人际关系。例如，一个人如果内心充满敌意，就可能会认为周围的人对他怀有敌意。或者，一个人如果自视甚高，他就可能会认为他人也对自己抱有敬意。这种投射可能会导致误解和冲突，因为它忽略了他人可能具有的独立特质和感受。

投射效应通常表现为三种类型：第一种是相同投射，即个体假设他人与自己相似，从而倾向于将对方的心理简化为与自己相同的模式。第二种是愿望投射，即个体将自己的主观期望强加于他人，总是假定他人与自己有着相同的感受。第三种是情感投射，即个体认为他人的喜好和厌恶与自己一致，因此试图通过自己的思维方式来影响他人。

在大多数情况下，投射效应会干扰我们对别人的评估，导致我们的社交互动出现困难。然而，投射效应也有其积极作用。例如，当我们试图帮助他人解决某个问题时，可以利用这种心理效应，设身处地为对方考虑，从而找到有效的解决策略。在心理学和认知行为疗法中，对投射效应的应用也是一个重要的手段，它帮助人们认识到自己的内在心理状态如何影响对外界的感知和解释。一旦意识到这种效应，人们就可以更加客观地评估他人和环境，减少误解和冲突。

第四节　不良的人际交往习惯

在人际交往中，若个体的心理状态不健康，他们就难以构建出和谐、友好且值得信赖的人际关系。他们不仅难以向他人传递温暖与援助，更难以体验到自身的快乐与满足。因此，为了构建和谐愉快的人际关系，我们应该努力避免下面几种常见的不良心理状态。

一、孤独

孤独感通常由于一些生活事件引起——所爱的人去世、与他人的离别、移居到新城市或决定人生的大事等。当我们感到和周围人隔绝开来的时候，孤独感就会出现；当我们缺乏关系网络或者关系出现紧张状况时，孤独感也会出现。对于很多人来说，孤独感就是青年人的标志。青年人经常会感觉自己孤立无援，而且认为自己是唯一存在这种体验的人。单单是生理上的变化和冲动就足以造成困惑和孤独，而与此同时青少年经受的成长压力也增加了这种困惑和孤独。青年人正在逐渐建立自我意识，所以既渴望成功又害怕失败；既渴望被接纳和被喜爱又害怕被拒绝和被排挤。很多人即使被一大群朋友围绕，也常常会体会到深深的孤独。

孤独感会对身体健康产生消极影响，例如孤独感和心脏病、高血压以及寿命缩短都有关系。当孤独感长期存在的时候，个体更可能出现情感上的心理问题，例如感到孤独的人更可能感到抑郁和低落，还可能把虚拟社交和网络游戏作为逃避手段。如果将孤独寂寞和痛苦挣扎联系在一起，我们将会以消极的眼光看待孤独，甚至还会把独自一人看作是孤独。为了避免孤独感，我们要么避免独自一人待着，要么参加很多活动来填充这样的时间。我们很可能将独自一人和沉溺自我、与他人隔绝联系起来。更荒谬的是，出于对孤独感的恐惧，我们在拒绝帮助别人或是在亲密关系中有所保留时，反而会体验到无可救药的孤独。在有些时候，我们甚至会自欺欺人，以为将自己的生活捆绑在别人身上就能抵御孤独。

德国作家黑塞说："人生就是孑然独处。"但是大多数人很难体验独处，因为我们常常让生活变得越来越狂热和复杂。我们害怕独处会让我们疏远别人，于是渐渐疏远自我。世间太多的纷纷扰扰让我们难以抗拒，独处显得越来越没有价值和不被鼓励。例如，从很小开始孩子们的生活就被大量的活动占满，几乎没有闲暇的空余和玩耍的时间，于是孩子们很早就学会了追求刺激，渐渐地他们很容易觉得生活是无聊的。事实上，在生命中的大多数时间里我们都是独处的。与孤独感不同，独处是我们主动选择的生活状态。独处给予我们检验生活和沉思的机会，让我们有时间去思索有关自我和生命的深刻问题，例如"我是否真正了解自己""我是否聆听过自己的心声""我是否因忙碌的生活而失去方向"等。学会面对孤独带来的恐惧，学会享受独处带来的美好，我们才能真正活出自己的模样。

【成长练习】学会独处的一些尝试

1. 每天花一些时间独处，思考任何你希望思考的问题。在你的日记里，记录下其间的一些想法和感情。

2. 如果你常会感到孤独的话，那么就给某个曾经或者现在对你很重要的人写一封信，表达你所有的感情(不一定非要把这封信寄给对方)。例如，告诉对方你的想念，诉说下你的难过、你的惆怅或者你的渴望。

3. 想象你给别人写了一封信，把自己当作那个人给自己写一封回信。你认为对方可能会对你说些什么？你不希望对方说的话又是什么？

4. 如果有时候你感觉孤独或孤立，做个为期一星期的改变或尝试。例如，如果你感到在班级中被孤立，那么试试提早到课堂，主动和一位同学交流。如果你对采取这个步骤感到焦虑，就先想象一下整个过程：你害怕什么？你所能预料到最糟的情况是什么？把自己的想法记录下来。

5. 回忆你曾经体验过的孤单的日子。选择一些让你孤独的重要情形，回忆这些情形中的细节，思考在这些情形中的体验对自己有什么样的影响。你可以做两件事：一是记录下你思考的内容；二是找一个你信任的朋友与其分享。

6. 如果你希望给自己留些时间，又无法抛开身边的各种事务，那么不妨考虑去到一个从来没去过的地方。安排一个只留给自己的周末。重要的是让自己从每天既定的生活路线中跳出来，排除外界的干扰，只是让自己独处。

7. 花一天时间或者几个小时，去观察一些孤单的人。你可以走进一个老年人聚集的公园，可以站在一个闹市区的十字路口，或者可以在一个大型商场里闲逛，注意那些具有孤独情绪的面孔。这些人又是怎么处理他们的孤独的呢？思考你所观察到的一切。

8. 想象自己在一个典型的养老院里居住——没有财产、家庭、朋友，也没法做自己想做的事，思考并记录下你的体验。

二、嫉妒

嫉妒，这一情感状态，通常是指个体在意识到自身对某种利益的潜在占有受到潜在威胁时，所引发的一种特定的情绪体验。实际上，嫉妒是普遍存在的一种情绪反应，它总是存在于一些特定的社会比较的情境之中。嫉妒的产生具有缺一不可的四个条件：首先，对方与我们很相像。人们倾向于认为拥有相似生活环境、教育背景、社会阶层等的人应该取得相似的成就，例如我们往往不会嫉妒离自己太远的人，而是容易嫉妒自己身边的人。其次，当前事件与自身相关程度高。因为那些与自己高相关的事件才会引起我们对自我价值的怀疑，例如同时申请同一奖学金的两个人，没有申请到的人就可能嫉妒申请到的人。再次，主观上有相对不公平感。因为与人比较时我们总觉得对方不值得拥有那些成就，而我们只是因为运气比较差而失败，所以我们才会产生嫉妒的情绪。例如仇富心理就是源于主观感觉自己处于劣势而产生的相对剥夺感。最后，在想象中自己对当前事件的控制力很高。当自认为自己有能力实现或改变某些事件时，我们倾向于嫉妒那些已经在这件事情上获得成功的人，例如考试成绩低的人会嫉妒考试成绩高的人。

嫉妒是一种复杂情感，它既可能激发人们的正面动力，也可能导致负面行为。积极的嫉妒，或者说羡慕，能够催人奋进，促使个体观察和学习他人，从而推动自我成长和提升。而消极的嫉妒则可能带来破坏性后果，包括自我怀疑和对他人的不公正行为。因此，如何将嫉妒转化为良性竞争的动力，以自己的长处克服他人的短处才是关键。

为了实现这一点，我们首先需要重新审视自我价值的认定方式，减少与他人比较的心态，因为这可能导致评价失真。自我价值不应仅仅依据社会标准或他人的看法来衡量，而应更多依赖于内在的评判和个人的价值观。实际上，每个人都有独特的优点和不足，用单一标准去评价所有人是不公平的。我们应该专注于自我超越，而不是与他人比较。

此外，我们还应当学会如何减轻来自他人的嫉妒。在人际交往中，尤其是面对那些表现得不如我们或者处于不利地位的人时，我们应该保持谦逊，避免过分吹嘘自己的成就。相反，我们可以适当分享自己的不足和挑战，以此来平衡他人的心理状态，这样不仅能够避免激发嫉妒，还能帮助我们建立更广泛的友谊。通过这些方式，我们可以更好地管理和转化嫉妒情感，使其成为推动自我和他人发展的积极力量。

三、猜疑

俄国文豪契诃夫在其短篇小说《小公务员之死》中，生动描绘了一个公务员在剧院意外打喷嚏后，因猜疑自己冒犯了将军，反复道歉最终因心理崩溃而离世的悲剧。猜疑心理，作为人际交往中一种常见的不良心理状态，表现为个体因主观臆测而对他人产生不信任感。这种心理常使个体陷入疑虑的漩涡，无中生有地怀疑他人，如见到同学私下交谈便疑心他们是在背后中伤自己。这种猜疑成瘾者更习惯曲解他人的话语，深挖其潜藏含义，造成沟通障碍。这种自我封闭的态度阻碍了信息的流通和人际交流，导致个体逐渐从怀疑他人发展到怀疑自身，产生自卑、怯懦等消极情绪。猜疑心理如同人际关系的蛀虫，不仅破坏正常的交往，还威胁个体的身心健康。

猜疑心理的产生原因复杂多样，主要包括四个方面：一是拥有错误的思维定势，这是猜疑心理的温床。拥有错误思维定势的个体常以自己的主观臆断为出发点，陷入循环思考的怪圈，如同蚕茧般自我束缚。二是人与人之间缺乏信任，这是猜疑心理的催化剂。某些个体对他人的不信任感会加速猜疑的产生。三是具有不良的心理品质，如狭隘自私、自尊心强、嫉妒心盛等，这些品质也是导致猜疑心理的重要因素。四是易受流言蜚语的影响，偏听偏信，这也是产生猜疑心理的诱因。

如何有效消除猜疑心理呢？一旦发现自己开始怀疑他人时，个体应即刻审视并寻找怀疑的根源。在思维固化之前，积极引入正反两面的信息，进行全面而客观的考量。具体而言，克服"当局者迷"的认知局限，是消解猜疑心理的关键路径。加强与他人的沟通交流，增进相互了解，培养信任感，从而在情感层面与他人产生共鸣，这同样是消除猜疑心理的有效手段。另外，我们要学会分辨事实与流言，猜疑之火往往是在好事者的煽动下才会越烧越旺的。这也提醒我们：在人际交往中，说话要谨慎，闲谈不论人非。

四、羞怯

当你与喜欢的人相遇或在重要场合演讲时有没有感到某种程度的羞涩和胆怯？在人际交往中，那些深受羞怯心理困扰的人，常常展现出特定的行为模式：他们往往话未出口便满面通红，与人交谈时心跳加速，甚至选择将话语压抑在心底。这种羞怯心理无疑会阻碍人际交往的顺利进行，它不仅抑制了个人才智的充分展现，也影响了个体对社会生活的良好适应。

羞怯心理的产生可归因于三方面的因素：一是由个体气质特征引起的感应性反应，比如抑郁质的人神经活动相对敏感，对外界刺激的感知度高，更偏好安静的环境。这类人在言语表达上通常轻声细语，行事前深思熟虑，顾虑较多，表现出胆小谨慎的性格特点，与人交往时容易脸红，感到羞涩。二是不恰当的认知引发的羞怯心理，比如，个体过度担心自身被否定，过分在意他人的评价，并过度追求自我安全感。当置身于他人面前时，这种过度的自我关注会加剧羞怯情绪的产生。如果个体一会想"自己的脸是不是发红"，一会想"自己的言行是不是得体"，一会想"对方现在会怎么看待我"……，那么他势必产生羞怯心理。三是个体由于生活中曾经遇到过某种挫折，例如在童年、少年期或青年期曾遭受他人的训斥、讥讽或戏弄，心理存在一定阴影，从而变得胆怯怕事，担心再度遭遇挫折。

克服羞怯心理的前提是了解自己产生羞怯的原因。知晓自己羞怯的原因后，我们需要学会保持心理松弛，不要担心是否被人在意。要不断告诉自己，每个人都有自己的生活，而且完美的人是不存在的。在日常生活中，我们可以在亲人或好友的帮助支持下，逐渐拓展自己人际交往的舒适圈，尝试与不同性格、不同气质、不同年龄的人打交道，也可以尝试向平时见面交谈不多的人问好，或者在集会或聚餐的间隙与周围的人攀谈，养成良好的交际习惯，从而慢慢消除羞怯心理。

【成长练习】穿越 A4 纸

人员与场地：30～50 人，活动分小组进行，每组 8 人左右为宜；室内或室外皆可。

游戏所需道具：根据活动总人数准备相应数量的 A4 纸张，每组配备一把剪刀，并准备若干首节奏明快或轻松的音乐。

游戏的具体规则与流程如下：

(1) 每个小组将收到 3 张 A4 纸，其中 2 张用于练习，剩余 1 张则用于最终的展示。

(2) 小组内的所有成员需共同协作，用剪刀剪开部分区域后将纸张展开至可供成员"穿过"，小组成员依次完成从 A4 纸的一面穿越至另一面的任务，但在此过程中，必须确保 A4 纸剪痕外的其他地方不能断开。

(3) 当所有成员完成穿越后，A4 纸应能够恢复到初始的平整状态。

(4) 在寻找穿越方法的过程中，各小组内部可以进行充分的讨论，但各组之间不得交流。一旦小组找到合适的方法，可向老师进行解释和展示，但应避免干扰其他小组的探讨。

(5) 本游戏存在至少 5 种不同的穿越方法，老师应鼓励各小组不断尝试，不要满足于一种方法，尽量寻找最优的方法。

(6) 所有小组探索成功之后依次展示。可以以从展开到穿越再到恢复到初始状态的时间为判定标准进行评定。

(7) 各小组交流心得、展开讨论。

【佳片有约】十二怒汉(Twelve Angry Men(1957))

这部电影主要围绕一个陪审团在审判一名被指控谋杀的青年的过程中的辩论和思考展开。

故事发生在一个炎热的夏日，在一座大城市的法庭上，一个年轻的男子被控谋杀自己的父亲。如果被判有罪，他将面临死刑。法庭的陪审团由十二名男性组成，他们被要求一致裁定被告有罪或无罪。

起初，陪审团中的大多数成员迅速投票认定被告有罪，除了一个名叫亨利·方登(Henry Fonda)的陪审员，他对被告的有罪表示怀疑。方登开始提出合理的怀疑和问题，引发了陪审团的辩论。在一连串的辩论中，方登努力说服其他陪审员重新考虑他们的立场。

这部电影的精髓在于陪审团成员之间的争论和辩论。他们来自不同的社会背景，持有不同的观点和偏见，因此他们的一致决定不是轻松达成的。方登通过逻辑和证据，以及对每个证人陈述的重新审视，逐渐改变了其他陪审员的看法。

《十二怒汉》深入探讨了法治、公平、道德和人性的问题。它强调了每个陪审员对正义和公平的责任，以及对客观看待事实的重要性。电影最终传达了一条强烈的信息，即在面对生死问题时，人们必须以最高的责任感和谨慎来判断，以确保正义得到伸张。

这部电影被普遍认为是电影史上的经典之一，因其深刻的社会心理学、道德和法律主题而备受赞誉。

第五章　测量心理学

【案例导读】　火出圈的 MBTI

在当今的年轻社交场景中，想要快速打破初次见面的尴尬，就需要掌握一种特殊的"密码"。这个由四个英文字母构成的代码，已经成为许多年轻人社交身份的象征，它就是目前在社交媒体上极为流行的 MBTI 性格测试。如果你对此一无所知，那么在与某些年轻人的交流中可能会感到格格不入。MBTI 的流行程度在网络上达到了前所未有的高度，它不仅帮助人们认识自我，还成为一种文化现象。在社交媒体上，尤其是微博上，MBTI 话题的讨论度和关注度极高，阅读次数超过十几亿，讨论次数达三十多万，显示出其深远的影响力。此外，人们热衷于为影视角色、历史人物归类 MBTI 类型，相关的表情包和梗图也在社交平台上广为流传，成为年轻人交流的新方式。

MBTI 测试源于 20 世纪初，当时心理学大师卡尔·荣格在其著作《心理类型》中提出了一个基于四个维度的人格分类理论，将人格划分为 16 种不同类型。大约过了 20 年，美国的伊莎贝尔·布里格斯·迈尔斯和她的母亲凯瑟琳·库克·布里格斯，基于荣格的理论，发展了一套全新的人格类型模型。这个模型以她们的姓氏命名，称为迈尔斯-布里格斯类型指标(Myers-Briggs Type Indicator)，简称为"MBTI"，这就是今天我们所熟知的 MBTI 测试的由来。MBTI 基于四组相反的先天偏好：内向与外向(Introversion-Extraversion)、感觉与直觉(Sensing-iNtuition)、思考与感受(Thinking-Feeling)、判断与知觉(Judging-Perceiving)，组成如下所示的 16 种相对稳定的人格类型：

ISTJ 物流师	ISFJ 守卫者	INFJ 提倡者	INTJ 建筑师
ISTP 鉴赏家	ISFP 探险家	INFP 调停者	INTP 逻辑学家
ESTP 企业家	ESFP 表演者	ENFP 竞选者	ENTP 辩论家
ESTJ 守卫者	ESFJ 执行官	ENFJ 主人公	ENTJ 指挥官

然而，中国科学院心理研究所陈祉妍教授如是说："任何测试都是有局限性的。MBTI测试可以帮我们更好地了解人的性格特征，但不能仅以单一的测试结果就推断一个人的心理特征。要想真正考察一个人，必须用多种方法、从多个角度来考察，再用心理测试结果进行辅助分析，这样才可能得出一个比较可靠、客观的结果。"

随着测量心理学的发展，各项不同的测验/量表越来越多地被应用于不同的场合：很多公司在选择雇员的时候会进行职业倾向性测试或人格特质测试；医院在对各类精神疾病患者进行诊断时需要借助各种症状量表；甚至学生在学校学习时所参加的各种常规考试也可以看作是某种心理测量(学习能力或学习效果的测验)……可以说设计心理测量和进行心理测量是所有心理学事业中最引人注目的一种。因此，我们有必要对测量心理学有关的问题进行了解，以便更好地利用这个工具而不是被这个工具所累。

问题思考

(1) 什么是心理测量?
(2) 心理测量有什么用?
(3) 有哪些常用的心理学量表?
(4) 如何科学评价某一量表?

第一节　什么是心理测量

心理测量(又称心理测验)作为一种特殊的检测手段，旨在评估个体的能力、行为模式以及个性特征。其核心目标在于揭示个体差异，具体体现在通过一系列测量，确定个体在特定维度上与其他人的差异或相似性。在深入探讨心理测量的内涵之前，我们有必要先回溯其历史脉络，以便更好地理解其演变与发展。

一、心理测量的历史

在西方心理学领域，测验的正规化及测量程序的出现是一个相对晚近的事件，其广泛应用可追溯至 20 世纪初。然而，值得注意的是，在西方心理学尚未开始编制测验以评估个体之前，测评技术在古代中国已颇为普遍。

19 世纪初，英国的外交官与传教士对中国的科举选拔制度进行了深入观察与描述。经过改良后，这一制度迅速被英国采纳，随后又被美国等国家用于文职官员的选拔。

在西方智力测验的发展中，弗朗西斯·高尔顿爵士(Sir Francis Galton)这位英国上层社会人士起到了关键作用。他在 1869 年出版的《遗传的天才》一书对后续的测验方法、理论和实践产生了深远影响。作为查理斯·达尔文的堂兄弟，高尔顿试图将达尔文的进化论应用于对人类能力的研究上。他特别关注个体在能力上的差异及其成因，例如为何有些人像他一样拥有卓越的智慧和事业成就，而另一些人则不然。

高尔顿是首个提出智力测量四大重要思想的人物。首先，他提出智力的差异可以通过量化的方式衡量，即对不同人的智力水平进行数量化评估。其次，他观察到智力的个体差异呈现钟形曲线分布，也即正态分布，其中大部分人的智力处于中等水平，而天才和智力低下者相对较少。第三，他认为智力或心理能力可以通过客观测验来评估，而在相应的测验中每个问题都有唯一的正确答案。最后，他提出可以通过统计分析来确定多次测试成绩之间的相关程度。事实证明，高尔顿的这些思想具有深远且持久的价值。

【心理百科】内隐测量和外显测量

临床心理学家和精神病学家通常通过与患者进行面谈，或者观察此人到达医院或诊所时的行为做出诊断，此外他们也会采用心理测量的方法来帮助自己确定诊断。测量的方法也会被广泛应用于学校中，例如大一新生入校时的心理测量。常用的测量方式可以分为内隐和外显两种。

投射测验是最典型的内隐测量之一。罗夏墨迹测验就是一种投射测验。罗夏墨迹由模糊不清的图片、句子或故事组成，受试者需解释或完成这些内容。这一测验假设人们会将自己潜意识里面的想法和感觉投射到测验上面，有助于在医生与患者间建立密切的关系，鼓励患者展示自己羞于表达的冲突。但也有很多证据说明这一方法缺乏可靠性和有效性，例如不同医生对同一患者的测验结果存在不同解读。

相对地，在临床上使用的客观测量，属于外显的测量，通常通过标准化的问卷了解受试者的行为和感觉。例如，得到广泛应用的用于评估人格和情绪障碍的量表——明尼苏达多相人格量表(MMPI)，覆盖抑郁症、偏执狂、精神分裂症等多个方面的精神障碍。再例如，贝克抑郁问卷(BDI)、贝克焦虑问卷(BAI)则是用于评估特定障碍的量表。与投射方法的主观判断相比，量表在一般情况下会显得更可靠和有效。量表同样也会存在错误率和不适性，所以我们要谨慎地看待通过问卷所得到的结论。

二、测量的评价标准

在心理学和社会科学研究中，信度和效度至关重要。如果一个测量工具缺乏信度，那么它的结果将不可信，不具备科学价值。如果缺乏效度，那么它可能无法测量你真正感兴趣的概念，结果可能是错误的或误导性的。因此，在设计、选择或使用任何测量工具时，都需要仔细评估其信度和效度，以确保所获得的数据和结论是可靠和有效的。

1. 信度

信度是指测量工具测量同一事物时的稳定性和一致性。如果一个量表具有高信度，那么在不同的时间和条件下，使用该量表测量相同的对象或概念时应该会得到相似的结果。信度的高低可以通过以下方式来评估：

重测信度：在不同的时间间隔内对同一群人进行两次测试，然后比较两次测试的结果。如果结果高度一致，那么信度较高。

内部一致性信度：通过测量工具中各项(题目或问题)之间的相关性来评估。常用的内部一致性检验方法包括 Cronbach's Alpha。

高信度保证了测量工具的结果是可靠的，即在不同情况下多次测量得到的结果趋于稳定，而不会受到偶然因素的干扰。

2. 效度

效度是指测量工具是否真正测量了它所声称要测量的概念或特征。一个量表具有高效度，意味着它能够准确、有效地捕捉到目标概念。效度作为衡量测验准确性的关键指标，其类型繁多。其中，表面效度、效标效度和结构效度是三种尤为重要的效度类型。

1) 表面效度

表面效度是依据测验的直观内容来评判的。当测验项目在直观上似乎与我们所关注的特性紧密相连时，我们便可认为该测验具有较高的表面效度。此类测验直接明了，通常直接询问测验者想要了解的内容，例如："你感到焦虑的程度如何？"或"你是否认为自己具备创造力？"测验者期望参与者能够真实且准确地回答这些问题。然而，需要强调的是，表面效度并不等同于测量的准确性。一方面，个体对自己的感知可能存在偏差，或者他们并不清楚在与他人比较中应如何评估自己。另一方面，若测验对某些特性的测量过于明显，可能导致被试有意识地调整他们的回答以符合期望的印象。例如，精神病院的病人为了留在熟悉的环境中，可能会故意调整他们的回答方式。

【心理百科】病人操纵了精神病医生的测量

在临床实践中，医护人员会详细询问慢性精神分裂症患者的症状和困扰。特别是在进行迁移访谈，即评估是否适合将患者转移至开放病房时，这些患者往往会提供积极的自我评价。然而，当访谈的焦点转向评估出院的可行性时，患者则可能给出更多的消极自我评价，因为他们内心并不希望出院。若精神科医生在评估访谈数据时未能察觉这种因访谈目的不同而产生的实验偏差，他们可能会错误地认为那些给出更多消极自我评价的患者病情更为严重，并据此建议他们继续住院。这样，患者就成功达到了他们想要的结果，即通过操控自我评价来影响医生的评估。此外，精神科医生在评估时还可能受到一种先入为主的观念影响，即那些表达留院意愿的患者病情更为严重。

这一例子深刻地揭示了一个问题：测验的编制者不能仅依赖于表面效度来进行评估。因此，我们必须探索其他类型的效度，以弥补上述缺陷。

2) 效标效度

为了评估效标效度(也称为预测效度)，心理学家会将个体的测验得分与他们在其他与测验相关的标准上的表现进行对比。举例来说，如果测验旨在预测个体在大学中的学业成就，那么大学成绩便成为一个恰当的评价标准。当测验得分与大学成绩表现出高度的一致性时，我们便认为这一测验具备了效标效度。因此，测验设计者的核心任务之一便是识别并选定那些合适且可量化的评价标准。一旦效标效度能够通过测量工具得到体现，研究者便会对该工具的预测能力充满信心。这正是大学入学面试中，考官询问申请者 SAT(学业能力倾向测验)考试成绩等问题的逻辑所在。过往研究表明，SAT 成绩与学生在大学期间的某些表现存在正相关性。基于此，管理者常将其作为预测学生大学生活表现的重要依据。

3) 结构效度

所谓结构效度，是指确定量表是否测量了所研究的概念的相关维度和特征。测验的有效性是基于特定条件的，因此，我们必须明确"它在何种情境下是有效的"。了解一种测验与其他测验的关联性，能够为人类行为的测量及测量的结构及其复杂性提供新的视角。举例来说，假设我们设计了一款针对医学生应激应对能力的测验，随后发现测验分数与学生在课堂压力下的表现高度相关。我们可能会初步推测，这款测验同样能够反映学生处理医院急诊的能力，但实际情况可能并非如此。尽管我们已经发现了测验的某些效度，但我们仍需对其结构进行更深入的探究。简而言之，我们的测验在某些情境下是适用的，但不同类型的应激可能产生不同的结果。因此，我们需要对测验进行调整，以更好地反映医院急诊室中特有的应激因素。

3. 信度和效度的关系

我们来深入剖析一下信度和效度这两者之间的微妙联系。信度，简言之，是指某一测验在不同时间或采用不同项目测定时，与其自身的一致性程度；而效度，则是指测验与外部标准(如另一测验、行为准则或评价者的评分等级)之间的关联程度。通常，若一个测验缺乏信度，那么其效度也难以保证，因为连自身都无法稳定预测的测验，更无法预测其他方面的表现。以攻击性测验为例，若今日测验得分与明日平行测验之间毫无关联，即表现出低信度，那么这两天的成绩都无法有效预测学生在接下来一周内打架或争论的可能性。毕竟，两个无法得出一致预测的测验分数，其有效性自然大打折扣。然而，另一方面，我们也要警惕那些虽然信度较高但缺乏效度的测验。比如说，若我们尝试用成人的身高来评价智力，这样的测验虽然可能具有较高的内部一致性(即信度)，但它显然无法有效反映智力的真实水平。因此，虽然它看似可信，但实际上并不具备有效性。这样的例子提醒我们，在评估测验质量时，必须同时考虑信度和效度这两个重要指标。

第二节　测量的种类及典型量表

心理测量的实质无疑是某种形式的测量，但与物理测量，如对长度或重量的测量有所不同，对于心理测量到底测量什么和如何完成这些测量，人们有着相当多的困惑。特别是因为我们要衡量的不是一个物理客体，而是一个处于其间的概念，或一个假设的实体。例如，在评估一个创造力测验实际上是否衡量"创造力"时，我们不能将一个人的测验得分直接与他或她的实际创造力相比较。我们只能依据有创造力的人应该如何行事这样的方法，分析有创造力和没有创造力的人的得分有何差别。对于创造力和智力等概念的测量，都被其定义的清晰度所限制，这对于智力测验来说尤其是一个难题。就此而言，心理测量并非包罗万象，心理测量的科学性和有效性依赖于相关理论的建立和发展。目前常见的测量有人格、智力、心理健康等类别。

一、测量人格

人格，作为个体在适应环境过程中塑造出的独特行为和特质模式，充分展现了人的自然性与社会性的交融。而"人格"这一术语，其源头可追溯至拉丁文中的"面具"(persona)，原指戏剧中用以表现不同角色的演员所佩戴的特定面具，后来心理学借用这个术语来说明每个人在人生舞台上各自扮演的角色及其不同于他人的精神面貌。人格作为心理特征的集成与统一，呈现出一种相对稳定的组织架构。它跨越不同的时空背景，深刻影响着人的外在表现与内在思维模式，因而理解个体的人格也意味着对其未来行为具备一定的预测能力。人格这种心理特性既包含外在可见、给人留下深刻印象的特质，也蕴含了那些内在深藏、外在未显的元素。中国古代的智慧结晶——"蕴蓄于中，形诸于外"，恰恰是对人格这一复杂概念的精妙概括，因为它既揭示了其内在的积淀与涵养，又展现了其外在的显现与表达。

心理测量取向的人格研究建立在高尔顿的词汇学假说的基础之上，并起始于奥尔波特及亨利·奥德伯特对形容词词汇的研究工作。奥尔波特及奥德伯特从字典中系统地选定了可以形容人类个性特征的单词，在删减同义词和很少使用或难以理解的术语后，留下了约4500个单词。他们根据单词的意义对其进行分类。这项庞大工作的指导思想是，字典里包含了用于辨别人与人之间差异的所有单词，从而提供了在感知上对他人个性特征的全面记录。在早期工作完成后，心理学家开始采用因素分析技术对奥尔波特及奥德伯特的单词表进行分析，从而得到了数量较小的相关单词群组。因素分析是一种统计手段，借由它可以将相关的项目整合为总的量表或"因素集合"，并将其用于计算大部分人对一系列题目的回答之间的内部相关度，以及把维度内的信息按其重要性的次序进行整理。例如，某系列人格项目的第一个维度可能与外向性有关，并包含了与外向性高度相关的所有项目，其中有些项目还可能与其他的维度相关并出现在这些因素中。原则上，在问卷中有多少个项目就可以有多少个因素，但影响力较小的因素并不具有意义。因素分析的一项主要任务就是挖掘数据中的关键因素。

最具有影响力的因素分析理论家是卡特尔。他要求人们运用奥尔波特和奥德伯特单词表中的200个单词，对他们的朋友和自己进行评级，并对这些评级结果进行因素分析，最后得出了16个人格因素。艾森克也运用因素分析进行人格研究，但他并没有采用卡特尔的16因素模型，而是认为当人格结构被描述为两个维度时评级更有效，即他所命名的外-内向性和神经质(情绪稳定的-情绪不稳定的)这两个因素。外向性的人喜欢交际和参加社交聚会，内向性的人则不易激动和喜欢自我反省。而神经质这个维度则代表了那些有时会焦虑和喜怒无常，而有时又平静和无忧无虑的人的特点。事实上，艾森克的人格理论观点与卡特尔的并不矛盾，因为对卡特尔的16个因素进行再分析的结果即为艾森克的两个因素。从某种程度上看，因素分析是一种主观程序，其结果取决于测量的主要内容以及可以被确定的因素个数。而这在很大程度上与研究者的个人偏好有关，有的人为了得到更广泛的人格描述而选择更多的因素，而有的人则会选择较少但更具代表性的因素。然而，近年来五个因素的人格模型已得到大部分心理学家的认同，被看作最佳的因素数目，并且大量应用不同测量方法的研究都得出了人格的五因素模型。

1. 卡特尔16种人格因素问卷(16PF)

卡特尔的16种人格因素量表(简称16PF)，旨在全面评估个体的16种独立且关键的人格特质。该量表精心设计了187个自我陈述题目，这些题目通过序列轮流排列的方式，有效揭示了个体在乐群性(A)、聪慧性(B)、稳定性(C)、恃强性(E)、兴奋性(F)、有恒性(G)、敢为性(H)、敏感性(I)、怀疑性(L)、幻想性(M)、世故性(N)、忧虑性(O)、实验性(Q1)、独立性(Q2)、自律性(Q3)以及紧张性(Q4)等16个方面的特质。

并且，在上述 16 种人格因素测量结果的基础上，还可以通过相应的计算公式了解个体在一些二阶因素上的表现。这些二阶因素包括但不限于适应性与焦虑性的平衡、内向性与外向性的倾向、感情用事与安详机警性的对比，以及怯懦与果断性的差异。此外，卡特尔的 16 种人格因素量表还能够精准地计算出特定类型的人格特征，如心理健康者所展现的人格特质、在专业领域取得显著成就者的人格特点、创造力出众者的人格要素，以及在新环境中展现出强大成长能力者的人格特征。

2. 艾森克人格问卷(成人版)(EPQ-A)

艾森克人格测验(EPQ)源于英国心理学家艾森克及其夫人的研究，其基础是多个个性调查。相较于其他基于因素分析法的人格测验，艾森克测验所涉及的人格因素较少，操作简便，且具备较高的信度和效度，因此被视为国际上极具影响力的心理测验之一。EPQ-A 是 EPQ 的成人版本，适用于 16 岁以上的成人。

EPQ 包含 P、E、N、L 四个量表，核心在于评估内外向(E)、神经质(N)和精神质(P)这三种关键的人格特质。艾森克提出的人格三因素理论中，E 因素与中枢神经系统的兴奋、抑制强度紧密相关；N 因素则与植物性神经系统的不稳定性有着密切联系。他认为这三个维度均受到遗传因素的影响。在普通人中，神经质和精神质表现为情绪的稳定性和偏执性，而非特指神经症或精神病。然而，在不利因素的影响下，高级神经系统的活动可能朝着病理方向发展。L 量表主要用于测量受试者的掩饰倾向，同时也可反映其社会幼稚水平。

【自我测验】艾森克人格问卷(EPQ)

3. 大五人格测验

大五人格模型(亦称"五因子模型"(five-factor model)或"大五人格"(big five))，在心理学领域历经数十年的研究与验证，逐渐显现出其作为探讨人类性格特征最为全面、可靠且实用的理论框架的潜力。该模型认为，尽管人们的性格各异，但大体上可以被归纳为五个核心性格维度。通过评估这五个维度的得分，可以预测个体在生活中的行为模式。

五因子模型的出现，对心理学研究界而言是一场及时雨。在此之前，由于缺乏统一的标准和概念，人格研究常常陷入混乱。对于同一个研究对象，不同的心理学家可能会给出截然不同的性格评估。例如，一位心理学家可能会给出奖赏依赖和伤害回避的评估，而另一位心理学家可能会将个体归类为思考型、情感型、感觉型或直觉型。这种种分歧导致了不同研究之间的孤立，使得不同理论间缺乏系统性的联系，也使得人格研究在科学领域中的地位受损。戈登·奥尔波特在 1958 年便曾感叹，每位评估者都有自己偏好的术语和测试工具。而随着时间的推移，这种局面愈演愈烈。五因子模型的提出，为这一混乱的局面带来了秩序和统一。它并不意味着其他概念全然无效，而是指出，大多数先前用于评估人格的概念，实际上都可以纳入五因子模型的范畴之中——要么直接对应大五人格的某个特质，要么是该特质下的一个方面，或者是两个特质的组合。

这一发现具有深远意义，因为它使得我们能够迅速梳理出头绪，显著提升理论的清晰度。五因子模型为人们提供了一个便捷的框架来描绘和理解个体间的主要差异，从而推动了人们对人格的深入理解。

【自我测试】大五人格问卷(简版)

二、测量智力

智力，作为人们在获取并运用知识解决现实问题时所依赖的心理特性与条件，是一种普遍而综合的能力。它赋予人们以明确的行动目的、合理的逻辑思考，以及有效应对环境变化的素质。关于决定智力的因素，历来争议不断，智力究竟是取决于先天遗传还是后天环境塑造，人们对此莫衷一是。然而，当前的共识是，遗传因素与环境因素在智力发展中均扮演着举足轻重的角色。遗传因素为智力发展提供了潜在的范围，而环境因素则决定了个体智力在这一范围内所能达到的具体水平。尤其对于那些拥有优异或中等遗传潜质的个体，其智力的可塑性及环境对其的影响均更为显著；而对于遗传上智力受限或存在缺陷的个体，环境的改善作用则相对有限。以前，智力水平的测量主要依赖于智力测验，如比西量表、韦氏智力量表、绘人测验、瑞文推理测验等。然而，这些测验受限于智力理论及测量技术，并不能完全准确地反映个体的智力状况。因此，在解读智力测验结果时，我们必须审慎而客观，避免滥用测验结果。

智商，作为智力水平的量化指标，以 IQ 表示，其实质上是基于统计学原理的离差智商，通过比较个体在同龄人中的智力测验分数位置来评估其智力水平。人的智力商数呈现正态分布，虽然变化范围广大，但多数人的智力水平接近平均数。若以 100 为智商基准，高于此数就表示智力优于半数同龄人，反之则表示相对较差。但值得注意的是，智商仅是对智力水平的相对衡量。例如，一名 6 岁儿童和一名 16 岁的中学生的智商可能同为 100，但后者的智力绝对水平显然高于前者。

基于智力水平的百分等级，我们可以对智力进行五级评价：第一级，百分等级大于等于 95，代表智力超群，超过同年龄组 95% 的人。第二级，百分等级大于等于 75，表示智力良好，显著优于平均水平，超越同年龄组 75% 的人。第三级，百分等级位于 25～75 之间，表示智力正常，基本处于平均水平，智力水平处于同年龄组 25% 至 75% 之间。其中百分等级大于 50 的，表示智力略高于同年龄组的中等水平；百分等级小于 50 的，则代表其智力略低于同年龄组的中等水平。第四级，百分等级小于等于 25，表示其智力表现中下，明显低于正常水平，智力水平低于同年龄组 75% 的人。第五级，百分等级小于等于 5，代表其智力存在明显缺陷，智力水平低于同年龄组 95%的人。

1. 瑞文标准推理测验(SPM)

瑞文测验，最初以标准型推理测验的形式出现，它是由英国心理学家瑞文于 1938 年精心设计的。作为一种非文字智力测验，瑞文测验自问世以来，在世界范围内得到了广泛应用，主要被用于测验一个人的观察力及清晰思维的能力。这一测验的独特之处在于，其测试过程不受文化、种族和语言的束缚，非常适用于测量个体的观察、思考与推理能力。测验有 A、B、C、D、E 五组，每组 12 题，共 60 道题。1947 年瑞文又编制出两种派生型测验。其中的一种是彩色型，即是在标准型的 A、B 组之间，再加入一个 AB 组，并将题目全部改为彩色，以突出图形的鲜明性。该型题目适用于 5～11 岁儿童和智力低于平均水平的人。

瑞文测验侧重测查的是个体的类比推理能力。类比推理能力是智力的重要方面，它是根据两个或多个对象之间的一定关系，推出另外的两个或多个类似事物的关系，或者推论出相类似的其他事物的过程。它是归纳和演绎两种推理过程的综合，就是先从特殊到一般，再由一般到特殊的思维过程。类比推理能力是人类进行思考的重要能力，也是人们理解、消化知识的重要能力。

【自我测验】瑞文标准推理测验

2. 斯坦福-比奈智力量表

斯坦福-比奈智力量表(Stanford-Binet Intelligence Scale)最早由法国心理学家阿尔弗雷德·比奈(Alfred Binet)于 1905 年开发，最初用于法国学龄儿童的智力测验。后来，美国心理学家刘易斯·泰曼(Lewis Terman)对该测试进行了修订和标准化，以适应美国的文化和教育体系。这一修订版本被称为斯坦福-比奈智力量表，于 1916 年首次发布。

斯坦福-比奈智力量表作为一种广泛用于评估个体智力水平的智力测验工具，旨在测量个体的智力、认知和问题解决能力，并提供关于个体认知发展的信息。量表包括一系列不同年龄组的测试版本，从幼儿到成年人都有适用的测试。测验内容包括各种智力领域，如语言、数学、空间感知、思维速度等。

测验的得分通常会与和年龄匹配的标准化样本进行比较，以确定个体的智力得分。智力得分通常以 IQ(智商)来表示。平均智力得分被设置为 100，标准差为 15。因此，大多数人的 IQ 得分会在 85 到 115 之间，这被认为是普通水平。

斯坦福-比奈智力量表的得分可以用来评估个体的智力水平，确定他们的强项和弱项，以便提供可能需要的教育或干预。该量表主要用于教育和临床心理学领域，用于评估学龄儿童的智力，帮助教育者了解学生的学习能力和需求。该测验还可用于诊断智力障碍、学习障碍和其他认知问题，以便提供个体化的教育和治疗。

需要注意的是，斯坦福-比奈智力量表是一种经典的智力测验工具，但现在已出现许多其他智力测验工具，用以满足不同需求和文化背景的个体需要。任何使用智力测验的评估都应由专业人士进行，以确保正确地解释和使用结果。

【自我测验】斯坦福-比奈智力量表

三、测量心理健康

筛选和诊断是心理测量广泛应用的第三个领域，许多测量的应用归于此类。在心理健康的评估和诊断中，测量起着至关重要的作用。首先，测量工具提供了一种客观、标准化的方式来评估个体的心理状态。这意味着无论哪位专业人士进行评估，都可以使用相同的测量工具来获得一致的结果，从而减少主观性和偏见的影响。其次，通过使用经过验证的测量工具，可以提高评估的精确性和可靠性。这意味着在不同的时间和条件下，使用相同的测量工具测量相同的特征或症状可以得到相似的结果，从而减少误差。第三，测量工具允许将心理健康问题量化，以便更好地理解问题的严重程度。此外，它们还可以用来跟踪个体心理健康状态的变化，确定治疗或干预的效果。第四，一些心理健康测量工具被用于帮助诊断特定的精神疾病或心理健康问题。例如，临床面试和标准化问卷可以用于诊断抑郁症、焦虑症等。这些工具有助于确立诊断标准，以便制订适当的治疗计划。第五，通过测量，专业人士可以更好地了解个体的心理健康需求和问题，从而制订个体化的治疗计划。不同的测量工具可以帮助专业人士了解个体的需求，包括情感、认知、社交等方面的需求。最后，在心理健康研究中，测量工具可以用于收集数据，进行统计分析，以便研究心理健康问题的发病率、关联因素和治疗效果等，有助于推动心理健康领域的科学研究。

总之，测量在心理健康评估和诊断中的意义是提供客观、精确、可靠的数据，以便更好地理解和管理个体的心理健康问题。通过测量，专业人士能够更好地诊断和治疗心理健康问题，为个体提供更好的关怀和支持。同时，它也推动了心理健康领域的科学研究进展。以下是常用的与心理健康有关的量表。

1. 贝克焦虑量表(BAI)

贝克焦虑量表(BAI)由阿隆·贝克(Aaron T. Beck)等人于1988年编制，用于评定多种焦虑症状的严重程度。

BAI共有21个自评条目，每个条目都是一种焦虑症状。被试根据最近一周内自己被这些症状烦扰的程度做4级评分，其中1表示"无"，2表示"轻度，无多大烦扰"，3表示

"中度，感到不适但尚能忍受"，4 表示"重度，只能勉强忍受"。

使用 BAI 进行测查时需要注意以下几点：第一，量表应由被试自行填写。第二，评定的时间范围应为"最近一周内"(包括当天)。第三，不要漏项或重复评定某个条目。第四，两次测查之间至少间隔一周。

BAI 具有良好的信度和效度，条目内容简明，操作分析方便，是目前最常用的焦虑自评量表之一。BAI 主要适用于 17 岁以上的成人，在心理门诊、精神科门诊或住院病人中均可使用。

【自我测验】贝克焦虑量表

2. 流调中心用抑郁自评量表(CESD)

流调中心用抑郁自评量表(CESD)，是拉德洛夫在 1977 年精心编制的，专门用于广泛评估一般人群的抑郁情绪状况。

CESD 包含 20 个条目，这些条目是编制者通过深入分析大量临床文献和现有量表提取出的，包含了抑郁症状的主要方面。它们共同反映了抑郁状态的六个关键侧面：抑郁情绪、自我贬低与无价值感、无助与绝望感、精神活动迟缓、食欲下降以及睡眠问题。在测试过程中，受测者需根据自身最近一周内症状出现的频率，对每个条目进行四级评分，即从"偶尔或无"到"多数时间或持续"。总分范围在 0 至 60 分之间，得分越高，意味着抑郁症状出现的频率越高。

CESD 不能用于临床目的，不能用于对治疗过程中抑郁严重程度变化的监测，但适用于对一般人群而不是病人进行调查，因为它评价的是抑郁心情而不是整个抑郁综合征。

【自我测验】流调中心用抑郁自评量表

3. 社会回避及苦恼量表(SAD)

社会回避及苦恼量表(SAD)由沃森(D. Watson)和弗瑞德(R. Friend)于 1969 年编制，同时用于测量个体的社交焦虑和回避行为。该量表包含 28 个条目，分为"社交回避"和"社交苦恼"两个分量表。社交回避是一种在社会交往中显现出来的行为倾向，其显著特征为倾向于独处，对与他人交流持不喜欢或不愿意的态度。而社会苦恼则指的是个体在亲身参与社交活动时所体验到的情感反应，具体表现为深感痛苦、烦恼与不适。每个分量表均包含14个条目。在评分方式上，采用"是-否"的二元选择方式，其中14个条目为正向计分，另有14个条目为反向计分，这样的设计旨在有效控制趋同效应对评估结果的影响。

【自我测验】社交回避及苦恼量表

（二维码图）

第三节　其他常用心理测验

压制情绪是健康的吗？你曾经在公共场合对朋友发过火吗？你曾因同学的不当言辞而感到难堪吗？在这些情况下，人们通常能很好地压制自己的情绪表露。尽管压制情绪使我们在外表上看起来更冷静镇定，但实际上这种行为却会让我们付出更人的代价。研究显示经常压制情绪的人不能很好地应对生活，更容易抑郁。相反，那些经常将自己的情绪表达出来的个体在情绪和身体健康方面都会表现得更好。因此，通常来说，对情绪进行管理比一味对其进行压制要好。

情绪管理指人们主动地调整自己的情绪，使自己能够在适当的时间和适当的场合，对适当的对象恰如其分地表达情绪，从而达到内心世界与外部环境的平衡，保持身心健康。这也是个体管理和改变自己或他人情绪的过程。在这个过程中，人们可以通过一定的策略和机制，使情绪在生理活动、主观体验、表情行为等方面发生变化。情绪管理不仅是维护身心健康以达到对社会良好适应的手段，也是一个人获得幸福感的重要方式。

一、生活满意度

1. 总体幸福感量表(GWB)

总体幸福感量表是一项由美国国立卫生统计中心精心设计的定式型测查工具，旨在评估受试者对幸福的个人陈述。量表共有33项，其中1、3、6、7、9、11、13、15、16项为反向评分。得分越高，幸福度越高。国内学者段建华对本量表进行了修订。

经研究表明，此量表相较于其他焦虑和抑郁量表在效能方面表现得更为优异。除用于评定总体幸福感外，该量表还进一步细分为六个分量表，从而可以全面评价幸福感的各个维度。这六个核心维度分别为对健康状态的担忧程度、个人的精力水平、对生活的满足程度与兴趣所在、心境的忧郁或愉悦状态、对情感和行为的控制能力，以及松弛与紧张(焦虑)的状态。

【自我测试】总体幸福感量表

2. 生活事件量表(LES)

生活事件对心身健康的影响逐渐受到广泛关注，这一现象推动了医学模式的转变。诸多研究探讨了生活事件与疾病发生、发展及转归之间的关联性，然而这些研究结果并不一致，甚至存在相互矛盾的情况。这背后有多重原因，其中之一便是生活事件的评定标准不一致。

生活事件量表(Life Events Scale，LES)的前身是美国学者所编制的"社会重新适应量表"(Social Readjustment Rcale，SRRS)。我国于 20 世纪 80 年代初引进了 SRRS，并根据国内实际情况，对其中的生活事件条目进行了修订、增删，最终编制了"生活事件量表"。经过五年的实践与研究，该量表于 1986 年定型，并在国内多个省市得到广泛应用。

LES 作为一种自评工具，涵盖了 48 条我国常见的生活事件，主要围绕三个方面展开评测：家庭生活(28 条)、工作学习(13 条)以及社交及其他方面(7 条)。此外，还设有 2 条空白项目，以便填写者补充表中未列出的个人经历事件。

该量表适用于 16 岁以上的正常人、神经症患者、心身疾病患者、各类躯体疾病患者以及自知力已恢复的重性精神病患者。

【自我测试】生活事件量表

二、人际交往

1. 社会支持评定量表

学术界对于社会关系与健康之间的联系进行了长期的探索。早在 19 世纪，法国社会学家杜克雷姆便揭示了社会联系的紧密程度与自杀现象之间的关联。进入 20 世纪后，社会流行病学的研究进一步表明，那些在社会中较为孤立或社会联系不紧密的个体，其身心健康水平往往较低，同时死亡率也相对较高。各年龄段的观察均显示，缺乏稳定婚姻关系和社会关系较为孤立的个体更容易罹患结核病、遭遇意外事故以及罹患精神疾病如精神分裂症，并且他们的死亡率明显高于拥有稳定婚姻关系的人群。在对精神疾病患者的深入研究中，学者们发现相较于正常人，精神分裂症患者的社交圈子较为狭窄，通常仅限于直系亲属；而神经症患者的社交活动则较为稀少，社会关系相对松散。值得一提的是，对于老年人而言，拥有较为紧密的社会关系可以有效减少抑郁症状的出现。

20 世纪 70 年代初，精神病学文献开始引入社会支持的概念，社会学和医学领域开始采用定量评估的方法，对社会支持与身心健康之间的关系进行广泛研究。多数学者认为，良好的社会支持对个体的健康具有积极影响，而不良的社会关系则可能对身心健康造成损害。社会支持不仅能够在个体处于应激状态时提供保护，起到缓冲作用，而且对于维持个体的一般良好情绪体验也具有重要意义。

为了有效评估个体的社会支持状况，肖水源于 1986 年设计了一份包含十条内容的社会支持评定量表，并在小范围内进行了试用。1990 年，他根据使用情况对量表进行了小规模修订。据统计，自 1986 年起，社会支持评定量表已在国内二十多项研究中得到应用，甚至被译为日文用于一项国际协作研究。从反馈的意见来看，该问卷的设计较为合理，条目表述清晰易懂，无歧义，并且具有良好的信度和效度。

【自我测试】社会支持评定量表

2. 人际关系综合诊断量表

人际关系综合诊断量表是一种用于评估个体人际关系和交往能力的心理测验工具。这个量表旨在帮助个体了解和改善其人际关系，其中人际互动包括与家庭成员、朋友、同事等的互动。该量表通常用于心理健康评估、咨询和治疗。它也可以用于研究领域，以了解人际关系对个体心理健康和幸福的影响。在组织和企业环境中，类似的工具可能用于评估员工的人际交往能力和团队协作能力。

【自我测试】人际关系综合诊断量表

三、创造力

创造力测试通常旨在评估个人思维的原创性、灵活性和解决问题的能力。在心理学和教育学中，有多种测试创造力的方式，其中一些侧重于发散性思维，而另一些则侧重于聚合性思维。

1. 发散性思维

发散性思维(divergent thinking)是一种创造性思维方式,是指从一种观念、主题或问题中产生多个想法、策略、解决方案的能力。这种思维方式鼓励思考者探索各种可能性,提出新颖独特的观点。在发散性思维的测试中,参与者需要在给定的情境中尽可能多地想出不同的解决方案。

多用途任务(Alternative Use Task,AUT)是当前实验心理学中常用的一种用于衡量发散性思维的方法。例如,给定家里某个常见物品的名称(如"笔"),被试需要在规定时间内写出这件物品尽可能多的用途。例如,"笔"可以作为书写的工具、可以临时充当发簪、可以作为敲击的工具等。实验结束后五位经过训练的研究助理将分别根据被试所提供答案的灵活性(flexibility)、原创性(originality)、流畅性(fluency)和详尽性(elaboration)进行评分。灵活性指的是答案所属类别的数量。以"笔"为例,如果被试给出的回答是:笔可以写字、可以画画、可以用来敲桌子,那么这个答案在灵活性上的得分为 2 分,因为"可以写字"和"可以画画"属于同一个类别的用途。原创性的评分需要与其他被试的回答进行比较,如果只有 5%的人给出相同的回答,则得 1 分,如果只有 1%的人给出相同的回答,则得 2分。流畅性只要简单统计所有回答的数量即可。详尽性是指对细节的描述程度,例如,如果只是回答"笔充当门挡板"将被记为 0 分,而如果回答"门挡板可以防止门在刮大风的情况下突然关上"则得 2 分。

2. 聚合性思维

聚合性思维(convergent thinking)是一种更加符合逻辑和目标导向的思维方式,它涉及从多个可能的答案中选择一个最佳答案。这种思维通常应用于解决问题,特别是在需要准确和快速反应的情况下。聚合性思维的测试一般会要求参与者选择最佳的解决方案或回答最合适的问题。

远距离联想任务(Remote Associate Task,RAT)是当前实验心理学中常用的一种用于测量聚合性思维的方法。在测试中,参与者需要根据给定的三组单词(三个字),想出与已知单词(字)均有联系的第四个词(字)。如给定"速""语""见",正确答案为"成",因为"成"字可以分别和已知的三个字组成"速成""成语""成见"。

需要注意的是,在实际应用中,创造力的测试不应仅局限于发散性思维或聚合性思维,而应综合评估个体的思维能力和风格。例如,一些标准化的创造力测试,如托尔曼的创造性思维量表(Torrance Tests of Creative Thinking),会同时评估发散性思维和聚合性思维,以获得更全面的创造力评估。

四、趣味测试

1. 威廉斯创造力倾向测验

威廉斯创造力倾向测验是用来测量人的创造潜能的。也就是说,它不是直接测量被测试者现有的创造能力,而是测量他们在创造力方面可能达到的水平。对于成年的被测试者,若他们在本测验中取得了较高的分数，一般而言，这可以作为他们具备较高实际创造能力的有效证据。而对于未成年的被测试者，若他们在本测验中获得了高分，则表明其创造力潜能较为突出，但是，其最终形成的创造能力不仅取决于这些潜能，还会受到众多其他因素的影响，包括个体的人格特质、家庭和社会环境以及所接受的教育和训练等。

该测验包括冒险性、好奇性、想象力、挑战性四个分量表。这四个方面都是人的创造力发展中重要的思维特点和个性特点。因此从这四个方面进行考查可以很好地预测人的创造力水平。

该量表适用于 7 岁以上且具有基本阅读能力的被测试者。

【自我测试】威廉斯创造力倾向测验

2. 哈佛情商测试

哈佛心理学系的博士戴尼尔·高尔曼在情商测试方面付出了诸多努力，并设计了一系列问题。通过回答这些问题，您可以获得一个关于自身情商(EQ)的初步直观感受。

问题共计 10 个，最高分数为 200 分，一般普通人的平均得分为 100 分。

【自我测试】哈佛情商测试

【佳片有约】飞越疯人院(One Flew Over the Cuckoo's Nest(1975))

墨菲为了逃避监狱里的强制劳动，便装成精神异常的病人，被送进了精神病院。他的到来给死气沉沉的精神病院带来了剧烈的冲击。

墨菲要求看棒球比赛的电视转播，这挑战了医院严格的管理制度，受到护士长瑞秋的百般阻挠；墨菲带领病人出海捕鱼，这大大振奋了他们的精神，却让院方感到头痛不已……院方为了惩处墨菲的胆大妄为、屡犯院规，决定将他永远留在疯人院。生性自由的墨菲再也无法忍受疯人院的生活，他联合病友——高大的印第安人"酋长"，开始自己的"飞越疯人院"计划……

第六章 健康心理学

【案例导读】 心理故事

故事一

在一片茂密的森林里，有一棵高大的橡树，被所有其他树羡慕和仰望。这棵橡树生长得非常茂盛，树冠覆盖了广袤的土地，为鸟儿和小动物提供了庇护。它的树干坚强有力，经历了风雨和闪电的袭击，依然屹立不倒。

有一天，一位游客在森林里走着走着，突然看到了这棵高大的橡树。他被橡树的美丽和坚强所吸引，决定停下来休息一下。他坐在橡树的阴影下，开始和橡树聊天。

游客问橡树，它是如何长得这么壮观和坚强的。橡树回答说："我的成长过程并不容易，我曾经也有过风雨和挫折。但是，每次遇到困难，我都选择坚守，我知道只有保持坚强才能生存下来。"

游客又问橡树，它是如何保持心理健康的。橡树笑着说："我心理健康的关键在于接受自己的自然状态。我不会因为失去一片叶子或者被闪电击中而感到自卑或沮丧。我知道这是自然界的规律，我只要继续照顾自己，就能茁壮成长。"

游客听后感到很受启发。他明白了坚韧和自我接纳的重要性。正如这棵橡树一样，人们也会遇到生活中的挫折和困难，但只要坚强地面对，保持积极的心态，就能像橡树一样茁壮成长，为自己和周围的人提供庇护。

故事二

有一个名叫艾米的年轻女性，她的生活充满了忙碌和压力。她每天都要应对工作、家庭和社交的各种压力，导致她经常感到焦虑和疲惫。一天，当她在公园漫步时，偶然发现了一个美丽的花园。

这个花园被绿树环绕，鲜花盛开，小溪流水潺潺，一只小鸟在树上歌唱。艾米被这个景象深深吸引，于是她走进花园，坐在一张长椅上，开始欣赏大自然的美丽。她闭上了眼睛，深呼吸，尽量放松自己。

渐渐地，她感到内心的紧张和焦虑开始减轻。她开始意识到，这个花园成为她内心的一个避风港，一个可以逃离忙碌和焦虑的地方。每当她感到"压力山大"时，她都会来到这个花园，坐下来冥想或者仅仅欣赏大自然的美丽。

随着时间的推移，艾米的心理健康状况逐渐改善。她学会了更好地管理自己的压力，关注内心的平静，拥有了更稳定的情绪。她的朋友们也注意到了她的变化，她们开始向她请教如何保持心理健康。

上述故事告诉我们，心理健康是非常重要的。大部分人在生活中都会遇到这样或那样的问题，心理困扰相当普遍，但这并不是什么可怕的事情，大可不必畏之如虎，但也不能置之不理。就像身体需要锻炼和营养一样，心灵也需要关怀和呵护。心理健康不仅关乎个体的幸福，还影响着我们的生活质量和人际关系。因此，我们应该学会照顾自己的内心世界，寻找适合自己的方式来维护心理健康。

问题思考

(1) 如何评估一个人是否心理健康？

(2) 什么是压力？它如何影响我们？

(3) 我们应该如何应对压力？

(4) 我们的态度、信念和行为怎样影响健康？

(5) 我们能够采取何种态度和行为来减少压力带来的不愉快体验？

健康心理学研究与健康和疾病相关的心理学因素，也关注各类健康问题的预防、诊断和治疗等内容。例如，健康心理学研究压力等心理因素对于疾病的影响，也研究心理疾病的预防，如规律锻炼如何帮助人们避免心理疾病及降低健康隐患。

健康心理学的研究改变了人们对于心理因素与生理疾病之间关系的看法。在 30 年前，大多数心理学家和医疗服务人员都会嘲笑或怀疑以团体辅导的方式帮助癌症患者提高生存可能性的尝试。然而在今天，这一方法正逐渐地为人们所接受。

越来越多的证据表明，心理因素对于那些曾被认为是纯生理层面的疾病也有潜在影响。一类叫作心理生理疾患的生理疾病就常常由压力引起或会因压力而恶化。心理生理疾患以前被叫作心身障碍，它表现为一些医学临床症状，而究其根本是由心理、情绪和生理因素之间的相互作用引起的。常见的心理生理疾病中，既包含诸如高血压等严重的健康问题，也涵盖了一些较为轻微的病症，如头痛、背痛、皮疹、消化不良、疲劳以及便秘等。即使是普通感冒，其发病和症状严重程度也和压力有关。因此，首先我们有必要来了解一下，如何准确判断自己的心理健康状况。

第一节　锻炼重塑身心

众所周知，定期进行体育锻炼对身体健康有许多益处，但你是否知道，锻炼同样对心理健康具有重要价值呢？实际上，这个观点早在公元前 65 年就被古罗马哲学家马库斯·西塞罗提出。然而，人们花了几个世纪的时间，才逐渐认识到锻炼对心理健康的积极影响。如今，随着科学研究的不断进步，我们对心理健康问题的理解也日益深入，最终验证了我们长久以来的直觉：运动确实能够保持大脑的活力。

身体健康和心理健康是紧密相关的。这意味着，我们的心理状态不仅会影响身体健康，反之亦然。以抑郁症为例，如果我们没有及时治疗，精神或情绪上的问题最终会影响身体健康。抑郁症可能会导致一些典型的身体症状，如头痛、背痛、失眠和肌肉紧张或酸痛。研究表明，抑郁症还可能增加患其他疾病的风险，如慢性疼痛、疲劳甚至心脏病，而这些疾病又可能加剧抑郁症的症状。这种情况只是众多体现身心关联的例子之一。

"身心关联"的概念在东方文化中早已被理解和应用于医疗保健领域。近年来，随着相关研究的不断增多，西方世界也开始重视这个概念。研究表明：我们的大脑、免疫系统、内分泌系统、神经系统以及其他身体器官，都使用相同的化学语言与情绪反应进行交流，它们不断地相互影响。因此，身体和心理是一个不可分割的整体。

这意味着，我们不能再将心理健康和身体健康分开看待，因为它们是相互依存的。为了克服情绪困扰和精神疾病，我们必须采取身心结合的治疗方法。简而言之，如果我们想要过上幸福的生活，想要变得更好，我们就必须尊重并认识到身心关联的重要性。

一、锻炼有益心理健康

锻炼是维持长久幸福的关键。通过锻炼，我们可以在心理健康的各个方面获得明显的收益，包括情感、智力、人际关系、精神健康等。研究证实，锻炼对心理健康的益处包括但不仅限于如下几个方面：

(1) 提高大脑中血清素、多巴胺和去甲肾上腺素的水平。

血清素是一种主要的神经递质，对情绪调节至关重要。它参与调节心情、睡眠、食欲和社交行为。血清素水平较低与抑郁症、焦虑症和其他心理健康问题相关。一些研究表明，血清素补充剂(如 SSRI 类抗抑郁药)可以提高血清素水平，从而改善情绪症状。

多巴胺是一种与奖励和快感感受密切相关的神经递质。它在大脑中的作用包括激发对食物的渴望、控制运动和强化记忆。多巴胺水平异常可能导致多种精神疾病，包括帕金森病、精神分裂症和药物成瘾。在一些情况下，增加多巴胺的活性或水平可以改善上述疾病的症状。

去甲肾上腺素是一种与应激反应和注意力调节相关的神经递质。它在身体中起到类似肾上腺素的作用，可以在紧张或激动的情况下提供能量和警觉性。去甲肾上腺素水平的不平衡与抑郁症、注意力缺陷多动障碍(ADHD)和其他心理健康问题有关。

上述神经递质水平在患有抑郁症、焦虑症或其他精神疾病的人群中通常较低。而锻炼就像是一种能够提高神经递质水平并使其正常化的药物。

(2) 增加内啡肽。

内啡肽是一类在大脑中产生的神经递质，它们与疼痛缓解、感觉良好和情绪提升有关。内啡肽通常在应对压力、进行体育锻炼或其他愉悦活动中被释放，有时被称为"自然的镇痛剂"或"愉悦激素"。内啡肽与心理健康之间有着密切的联系。

① 疼痛缓解。内啡肽能够减轻疼痛感，这种效应在运动后特别明显，被称为"跑者高潮"或"运动后的愉悦感"。这种疼痛缓解的效果有助于解释为什么运动可以提升情绪，因为运动可以减少因疼痛而产生的负面情绪。

② 情绪提升。内啡肽的释放与情绪提升有关，可以增加幸福感、减少焦虑和抑郁感。

这种情绪效应可能与内啡肽在大脑中的作用有关，包括增加对积极情绪的敏感度和减少对消极情绪的敏感度。

③ 应激反应。内啡肽在应对应激反应时也起着重要作用。它们可以减少应激激素(如皮质醇)的产生，从而帮助身体恢复到放松状态。这种放松状态有助于改善心理健康，减少长期应激对身体的负面影响。

④ 社交和同情心。内啡肽的释放也与社交互动和同情心有关。在大脑中，内啡肽的激活可以增强人与人之间的联系，促进社交行为，甚至减轻被他人拒绝时的痛苦感。这种作用有助于建立和维护社会关系，对心理健康至关重要。

(3) 改善认知能力、增强创造力。

锻炼时我们的思维会更清晰，学习能力、判断力、洞察力和记忆力都会随之提升。一些研究甚至表明，锻炼与更高的智商测试分数相关。也有研究显示，锻炼对大脑的益处会一直延续到中年之后。

锻炼刺激了新细胞的产生，这个过程被称为神经发生。最初记载身体活跃度和大脑之间联系的研究是通过老鼠完成的。在"充满刺激的环境"(有玩具、运动轮以及很多社交机会)中养大的老鼠比在标准实验室笼子中长大的兄弟姐妹有更多的新脑细胞，数量大概为不活动的对照组同伴的两倍。运动的老鼠在大脑深处的海马体中出现了最多的新细胞增多的情况，海马体对于学习和记忆都着重要的作用。

在人类被试身上同样观察到了类似的结果。儿童在锻炼之后不仅在认知测试中取得了比休息组的孩子更好的表现，而且其前额叶和顶叶脑区的神经活动在锻炼之后也得到了提高；大学生的工作记忆在 30 分钟的有氧运动之后得到了不同程度的提升；运动的老人罹患疾病的风险更低，失忆发生率更低，丧失重要认知功能的可能性也更低。

此外，锻炼还能够增加阿尔法脑电波，这种脑电波与更强的直觉有关，并能带来更大的创造力。研究表明，散步时头脑风暴的创造力比坐在办公桌前头脑风暴的创造力高 60%。

概言之，锻炼是改善心情、提升幸福感和生活满意度的最佳途径之一。锻炼不仅让我们身心更健康，还可以预防、治疗甚至治愈精神疾病。

【自我测试】心理健康自评(SCL-90)

二、创造正向循环

心情不好的时候不想去锻炼是非常正常的，但究其根本，这一现象的根源是情绪低落的大脑回路在作祟。以抑郁为例，抑郁是一种很稳定的状态，处于抑郁期的人的大脑总是在按照让人保持在抑郁状态的方式去思考和行动。为了克服抑郁，大脑必须摆脱这种慵懒的束缚，而且必须要这么做。我们之所以无法摆脱抑郁并不是因为其个人的懒惰，而是大脑很懒惰，因此我们要做点什么来改变这种懒惰。

1. 锻炼对抗抑郁

锻炼几乎可以对抗由于抑郁所引起的任何负面作用。

从机体水平而言，抑郁会让人觉得困倦疲惫，锻炼则会让人充满能量和活力。抑郁常常会扰乱正常的睡眠模式，但是锻炼可以改善睡眠，同时让睡眠更有利于恢复大脑的活力。抑郁会严重破坏个体的食欲，所以抑郁患者要么吃得很少，要么沉溺于吃大量的垃圾食品。事实上，经常吃大量加工类食品的人有更高的风险患上抑郁症。锻炼能改善食欲，让人们在能够享受到更多美食乐趣的同时拥有更高的健康水平。

从精神水平而言，抑郁让人无法集中精力和注意力，但是锻炼会让人的思维和注意力更加敏捷，从而有助于制订规划并做出决策。抑郁会让人觉得沮丧、状态低迷，但锻炼能改善情绪，并且能降低焦虑和压力感，从而提升我们的自尊心。

从社交层面而言，抑郁会使人保持在一种孤立和孤独的状态，但是锻炼能够将人带入到外部的世界中。更为重要的是，因为以上这些益处的存在，所以锻炼会使人们更加愿意参与到其他更多的有益于抵抗抑郁发展的活动和思维过程中去。比如，锻炼会改善睡眠，从而能够减轻疼痛、改善心境并增强活力和敏捷性。疼痛的减轻则会让我们更愿意参加锻炼，并且增强了锻炼的乐趣；与此同时，活力的增强也会让人们更想要去锻炼。可见，上述原因和效果在引导人们走向好转的正向循环中是相互交织和相互依存的。

2. 锻炼提升自尊

大多数专家都认为，自尊是心理健康的一个重要方面。临床咨询实践揭示，几乎所有求助者面临的问题，无论是抑郁症、焦虑症还是人际关系冲突，归根结底都与自尊的内在斗争密切相关。

自尊可以理解为个人对自我形象或自我感受的认知。健康的自尊反映了对自我、他人以及生活的积极态度。通常所说的"高自尊"与一系列积极行为特征相联系，如独立性、领导力、适应性、抗压性的增强，更频繁的体育活动，更健康的饮食习惯，以及较低的吸烟率和自杀风险。"低自尊"则可能对心理健康产生负面影响，引发抑郁、焦虑、自信心的缺失，以及绝望和自杀的念头，同时还会减弱个人的控制感。此外，低自尊可能导致对自己过于苛刻，产生消极思维，无法有效应对生活挑战，从而降低整体心理健康水平，增加发展成临床抑郁症、焦虑症、有自杀倾向、饮食障碍、应激障碍、药物滥用等精神疾病的风险。

自尊受到多种因素的影响，因为它源于我们的生活经历。从童年时期开始，家庭、学校、工作、朋友和社区就在不断地塑造我们的自尊。此外，自尊还受到我们身体和大脑中脑化学物质、荷尔蒙和其他生物物质变化的影响。尽管如此，提升自尊并不一定是一个复杂的过程。自尊与自我价值紧密相连，当我们深入探索那个更加深刻、真实且永恒的自我时，我们就能发现自我价值，并体验到自尊的美好。

体育活动会显著影响人们的胜任能力和自我价值感。那些在体育活动中感受到更多家庭支持的人，或者身边有很多热爱锻炼的家人或朋友的人，更有可能去运动或参加其他体育活动。有规律的锻炼可以增强自尊、自信、自我效能(相信自己可以在生活中发挥作用)、自我接纳和自我意识(自己看待自己)。当我们锻炼时,我们会更加积极,更加充满爱心和自信。锻炼还可以通过改善潜在的心理健康问题来提高自尊和自我价值感。锻炼可以减少抑郁、焦虑、紧张和压力,从而增强自尊。

锻炼对自尊的影响不分年龄。锻炼能够增加儿童、青少年和青年人的自我价值感;锻炼对 11 岁及以下的女孩尤其有用,能够帮助她们培养持续一生的自信心。锻炼可以提高中年人在生理上的自我认知,让他们对健康、外表、自我价值和整体心理健康给出更高的评价。

第二节　压力与应对

大多数人对于压力并不陌生。压力即个体面对威胁或挑战时的反应。即将到来的考试、马上要交的论文、大大小小的家庭事务、可能出现的台风……生活中到处充满了挑战。哪怕是值得高兴的事情——比如准备一场聚会或者找到一份梦寐以求的工作——也一样会带来压力,只不过其损害性没有消极事件所带来的压力那么严重。

每个人都要面对压力。部分健康心理学家认为,我们每天的生活其实就是不断感受到压力源,然后想办法去应对,最后成功应对或应对失败的过程。通常来说这些适应过程都比较微小,我们未必会注意到。但如果压力源较为极端或持续时间较长,我们就必须付出更大的努力来应对,这时我们就会产生生理及心理反应,进而导致健康问题。

一、压力源的本质

压力因人而异。虽然有些事情对大多数人来讲都是充满压力的,如亲人去世或上战场,但也有一些事情,对部分人造成压力,却对另一部分人并无影响。例如蹦极,有人觉得,从一座桥上跳下去而身上只绑一根细细的橡皮绳太恐怖了,有人却认为这项活动极其富有挑战性和趣味性。蹦极是否构成压力源部分取决于人们对这项活动的认知。

只有当人们感觉受到威胁或挑战,并且缺少处理该事件所需的资源时,才会将一件事知觉为压力源。因此,同一件事在这次被知觉为压力源,下次却可能并不会带来压力感。年轻人可能会在约会邀请遭到拒绝时知觉到压力——如果他将这次被拒归结于自己缺乏魅力或没有价值。但如果他不将被拒与自尊挂钩,而是归因于对方已经跟别人提前有约了,那么就几乎不会感到压力。因此,个体对事件的解读对于此事件是否成为压力源也是至关重要的。

1. 压力源的分类

什么样的事件容易成为压力源?一般来说,压力源可以分三种:灾难性事件、个人压力源及日常烦扰。

(1) 灾难性事件。

灾难性事件无疑是极具影响力的压力源,它们突如其来的冲击能够同时波及大量的人群。例如,龙卷风、空难和恐怖袭击等事件,都有可能在瞬间对数百甚至数千人的生活造成深远的影响。

有人认为，尽管在这些灾难性事件过后其影响似乎会逐渐消退，但它们留下的潜在和持久的压力往往被人们低估。然而，实际情况往往并非如此。实际上，与某些表面上看似破坏性较小的事件相比，自然灾害等灾难性事件往往导致较少的长期压力。其中一个关键原因是，自然灾害通常有明确的应对策略。一旦灾难过去，人们便能够展望未来，确信最糟糕的时刻已经过去。此外，自然灾害带来的压力可以通过与他人共同的经历得到缓解。这种共同的体验促进了社会支持的形成，并使得人们对彼此的困难境遇产生共鸣。

因此，虽然灾难性事件会带来巨大的即时影响，但它们的长期心理影响可能并不如我们想象的那么严重。通过社会支持和他人的理解，人们能够共同克服困难，逐渐恢复生活的正常节奏。

(2) 个人压力源。

个人压力源是压力类型的第二大类，涵盖了正面和负面的生活事件。负面事件如亲人离世、失业或重大挫败等会带来压力，这不言而喻。值得注意的是，诸如升职加薪、获得成就、结婚生子等正面事件同样也会带来一定的压力。这类压力源通常会在第一时间对个人产生显著影响，但其强度随后会迅速减退。例如，亲人去世所带来的悲痛在刚发生时无疑是极为强烈的，然而，随着时间的流逝，人们所感受到的压力会逐步减轻，直至最终人们能够较为平静地应对这些事件。

(3) 日常烦扰。

第三种压力源是一些日常烦扰，即大多数人常常遇到的小麻烦，如频频被打扰或有太多事要处理。日常烦扰可以是长期、慢性的，如对学校或工作不满、和恋人关系不佳，或住在一个没有隐私的拥挤地方等。

虽说日常烦扰会带来不愉快的情绪和感觉，但它本身并不一定需要去处理，有时甚至都不需要人们对其做出反应。但是，小麻烦会一点点累积，最终可能导致和大压力一样的恶果。事实上，人们感受到的日常烦扰的数量与他们的心理问题和健康问题(如流感、咽痛、背痛等)的严重程度是呈正相关的。与日常烦扰相对，生活中也存在一些让我们感到鼓舞振奋的小事情，比如融洽的人际关系、舒适的周遭环境等，这些细小的积极事件会让我们感觉良好，即便这种感觉转瞬即逝。尤为有趣的是，这种鼓舞振奋的感觉与个体的心理问题的严重程度呈负相关：我们感受到鼓舞振奋的数量越多，报告的心理症状就越少。

2. 压力的影响

压力会带来生理和心理上的双重影响。一般来说，压力最直接的影响是生理上的。暴露在压力源下会导致肾上腺素水平升高、心跳加快、血压升高，以及皮肤电位的变化。短期来讲，这些反应有助于人体的适应，因为在这样的"应急反应"过程中，交感神经系统受到激活，从而使身体得以进行自我保护。也就是说，这些反应能帮助我们更有效地适应压力情境。

然而，若持续暴露在压力下，与压力有关的各种激素就会持续分泌，从而导致人的整体生理功能下降。长此以往，压力下反应会对血管和心脏等造成损害，最终降低身体免疫力，让我们更易患病。

从心理层面讲，高压力会让我们无法很好地应对生活。我们会被压力遮蔽双目，从而无法正确判断形势(比如我们可能将一个朋友提出的小小批评夸大到不切实际的程度)。更有甚者，当压力达到峰值时，我们的情绪反应可能变得过于激烈，以至于无法做出任何行动。处于较大压力下的人也会难以应对新压力源。

简而言之，压力从各个方面影响着我们。它会提高我们患病的可能性，可能直接导致某些疾病，可能增大我们从疾病中康复的难度，也可能降低我们应对新压力的能力。

【心理百科】心理因素与癌症

没有什么疾病比癌症更让人恐惧了。在很多人的印象中，癌症就等于长期的病痛和折磨。虽然被诊断为癌症已经不像以前那么可怕了——只要及早发现，一些癌症被治愈的可能性非常大——但是癌症依然是美国人死亡的第二大原因，仅次于冠心病。虽然癌症的扩散是一个生理过程，但越来越多的证据表明患者的情绪反应对他们的病情也起着举足轻重的作用。例如，一项研究分析了因乳腺癌而切除乳房的女性的生存率，结果表明，打算斗志昂扬地与病魔作斗争的患者比悲观地忍受病痛等待死亡的患者更可能康复。

研究表明，患者术后三个月的心理状态影响到了她们的存活率。那些被动接受命运的人，和那些认为情况糟糕无法挽回的人的生存率最低——这类患者大部分在十年内都去世了。与之相反，立志与病魔作斗争(认为自己能战胜疾病并采取措施防止复发)的女性和那些(当然是错误地)否认她们患有癌症(她们告诉自己乳房切除只是一种预防措施)的女性的生存率则高得多。总之，根据这项研究，持积极态度的癌症患者比持消极态度的患者更可能生存下去。

然而，也有一些研究不认同这一观点。例如，一些结果表明，虽然昂扬的斗志让患者适应良好，但其长期存活率却并不比持消极态度的患者更高。

不过，某些特定的心理治疗有可能延长癌症患者的生命，这一点是确定的。例如，一项研究结果显示，那些接受了心理治疗的乳腺癌患者至少比不接受心理治疗的患者多活 1 年到 1 年半，其间前者体验到的焦虑和痛苦也更少。心理治疗对于冠心病等其他疾病的心理压力及病况缓解也有帮助。

3. 一般适应综合征模型

"压力研究之父"汉斯·塞利(Hans Selye)开创性地提出一般适应综合征(general adaptation syndrome)模型来描述长期压力的发展阶段。这一模型认为，无论压力的起因如何，它引起的生理反应都遵循同样的发展模式。

一般适应综合征模型分为三个阶段。

第一阶段：警戒与动员，个体意识到压力源存在，交感神经系统开始兴奋，帮助个体对压力源进行最初的应对。

如果压力继续存在，个体将进入第二阶段：抵抗。在这一阶段中，我们的身体机能将会被迅速调动起来以积极迎接挑战，行为上则表现为采取各种办法应对压力源。这些办法有时是成功的，但也要以多少损失一些身体或心理健康作为代价。例如，如果一个学生多门考试不及格，他就必须长时间地熬夜学习，以应对此压力。

若抵抗阶段所采取的应对策略仍未能有效应对压力源，个体则会进入一般适应综合征的下一阶段：衰竭。在这个阶段，个体适应压力的能力减弱，而压力的负面影响开始显现：如出现注意力不集中、烦躁易怒，甚至产生定向障碍、幻觉等生理与心理症状。在这一阶段，个体仿佛感觉虚脱了一样，那些拿来对付压力的能量全都用光了。这就好比一群村民突然发现自己被侵略者包围了，他们会迅速警觉并立刻开始抵抗。然而，无论他们怎么努力都无法抵御子弹和炮火的袭击，最终筋疲力尽。

进入第三阶段后，人们该如何走出来？其实，在某些情况下，衰竭反而可以帮助个体避开压力源。例如，由于工作过度劳累而生病的员工可以暂时离开繁重的工作，从工作责任中解脱出来。至少在这段时间里，当下的压力能得到缓解。

虽然一般适应综合征模型让我们对压力有了更深的理解，但这一理论也并非无懈可击。例如，这一理论认为不管压力源如何，人们的生理反应都相似，在这一点上一些心理学家持不同意见。他们认为人们对压力的生理反应取决于他们对压力情境的评估。面对一个令人不快但习以为常的情境，和一个同样令人不快但同时还很意外的情境，人们做出的反应可能大相径庭。这一观点提醒人们，除了搞清楚压力反应的过程，还需要关注应对压力的不同策略。

【扫描学习】微课：积极应对消极情绪

二、应对压力源

压力是生活中的常客——而且有压力并不一定是坏事。假如没有压力，我们可能就没有足够的动力来完成那些我们必须完成的事。但是，过多的压力会对人们的身心健康造成损害，这一点也同样明显。那么，我们应当怎样应对压力？有没有什么办法能减轻压力带来的负面效应？

为控制、减少或适应压力带来的挑战和威胁而做出的努力就叫作应对。面对压力我们会习惯性地做出一些应对反应，但多数情况下我们觉察不到，正如我们时常觉察不到生活中小的压力源一样。

除此之外，我们也会运用一些更为直接的、相对积极的方法来应对压力。这些方法大致可以分为两类。

(1) **情绪取向应对**。采取这种应对方式的人在面临压力时试图控制自己的情绪，希望能改变自己认识和感受问题的方式，如接受他人的同情、多看事物的光明面等。

(2) **问题取向应对**。采取这种应对方式的人会去寻找缓解压力情境的办法，并采取行动。问题取向应对策略会促使人们改变行为，或至少制订出对付压力的行动方案。此外，给自己"找点乐子"以暂时脱离压力情境也是一种问题取向的应对策略。例如，在照顾重病亲人的过程中，抽出一天去趟健身房或做个SPA，以此缓解压力。

人们常常会同时使用好几种方法来应对压力。如果觉得自己有能力做出改变，多数人会选择使用问题取向的应对策略。但如果自觉无力改变境遇(如家人罹患绝症)，那么采取情绪取向的应对策略更为有效。一个失去父母的女儿可以通过看喜剧片发笑来暂时忘却伤痛。通过调节情绪来减轻压力本质上是一种回避型应对法。在面临无法解决的问题时，回避型应对法可能是一种有益的选择。

【心理百科】压力适当论

"压力适当论"是指在心理学和生活管理领域的一种理论观点。该观点认为适量的压力对个体的表现和生活水平有积极影响。这个理论强调，适当的压力可以激发人们的潜力，提高工作和学习的效率，促使个体更好地应对挑战和压力，从而取得更好的成就。

压力适当论的核心观点包括以下几点：

适度压力的积极作用：适度的压力可以激发人的积极动力，提高工作或学习的动力和兴趣。它可以让人们更集中注意力，更有效地解决问题，从而取得更好的成绩。

挑战与适应：适度的压力可以被视为一种挑战，能帮助个体提高应对挑战的能力。通过应对适度的压力，人们可以更好地适应各种挑战和变化。

心理弹性：经历适度压力的人可能会培养出更强的心理弹性。他们能够更好地应对生活中的困难和逆境，更容易从挫折中恢复过来。

个体差异：每个人对于压力的适应能力都不同，同样的压力对于一些人可能是激励，但对于另一些人则可能会造成负面影响。因此，对于每个人来说，适度的标准都是不同的。

过度压力的负面影响：尽管适度的压力有益，但过度的压力则可能导致焦虑、抑郁、身体健康问题和工作或学业上的低效。因此，管理和减轻过度压力也是很重要的。

总之，压力适当论强调了适度压力对于个体成长和发展的积极作用。然而，要注意每个人的适度标准不同，重要的是要学会管理和调节压力，以确保其始终保持在对自己有益的范围内。

【心理百科】压力管理小贴士

生活中的压力是不可避免的，生活节奏变化所带来的挑战也是前所未有的。我们是否有办法更好地应对压力？诚然，压力应对方法的有效程度会因压力源的性质和可控度而改变，但仍有一些普适性的技巧可供参考。

(1) 将威胁转换为挑战。当面对一个可以控制的压力时，尝试将其视为一个机会，将注意力集中在如何有效地管理上。例如，如果您的车辆经常出故障，您可学习一些基本的汽车维修技巧以自主解决问题。

(2) 减少危险情境的威胁感。如果压力似乎不可控，尝试重新评估压力并调整您对它的看法和态度。

(3) 调整您的目标。对于那些真正无法控制的情境，您可以考虑设定一个新的目标。

例如，一位在车祸中失去双腿的舞者可能无法继续其舞蹈事业，但他可以转向编舞工作。

(4) 调节您的生理反应。通过改变您对压力的生理反应，您可以更有效地应对压力。生物反馈疗法是一种可以帮助减轻压力的训练方法。

(5) 提前准备应对压力。尽可能地采用前摄应对策略，即在压力真正到来之前就预先做好心理准备和计划。例如，考试周前就规划好学习时间表，以便有更充足的时间复习。

【自我测验】压力测试

三、影响压力的人格特征

梅尔费德曼和雷罗森曼是两位美国心脏病专家，他们共同提出了"A 型行为类型"(type A behavior pattern)这一概念。A 型行为类型的人通常性格冲动，有着强烈的时间紧迫感，总是急于完成任务，并严格遵循时间表生活。他们倾向于展现高驱动力行为，追求成就，并且具有显著的竞争性。据研究，大约有一半的人表现出 A 型行为特征。

A 型行为类型与心脏病之间的关系已被广泛探讨，并且有证据显示，这种行为模式还与头痛、哮喘、胃溃疡和甲状腺炎症等疾病有关。研究表明，敌意是 A 型行为类型中最具破坏性的特质。敌意表现为持续的愤怒和累积的怨气，充满敌意的人往往对他人冷嘲热讽，频繁地表达愤怒，并展现出攻击性行为。研究还发现，敌意程度与心脏病有关，过高的敌意可能会导致过早死亡。然而，并非所有 A 型行为类型的特征都是消极的。许多拥有 A 型行为特征的人充满活力，事业成功，并且身体健康。

B 型行为类型是相对于 A 型行为类型的另一种行为模式。具有 B 型行为特征的人相对放松，不急于求成，对竞争的兴趣较低，心态平和。B 型行为特征的人通常更加注重生活质量，对压力和挫折的应对能力较强。研究表明，在相同条件下，B 型行为类型的人患上心脏病的风险相对较低。

【自我测试】A 型行为的自我评估

四、影响压力的认知因素

古希腊的哲学先贤曾经指出，真正困扰人类的并不是问题本身，而是我们对问题的看法。当我们将某件事视为一种威胁或认为它超出了我们的能力时，它就可能成为压力的一大源泉。在应对生活中的挑战和不幸时，我们可能会陷入一些习惯性的思维模式，如非理性的想法、不切实际的期望或消极的信念。

这些非理性想法和期望包括：认为生活应该是公平的，朋友们在我们需要时总会出现，我们所关心的人都应该喜欢我们并支持我们的想法，以及所有事情都应该按照我们的意愿进行。然而，当现实不断证明这些想法是错误的时，我们可能会感到挫败、愤怒、失落或变得消极。

要应对这种压力，我们可以尝试将思维方式转变得更加现实和合理。这将使我们能够更从容地面对生活，降低压力反应的频率和强度。然而，这并不意味着我们应该走向另一个极端，设置过低的期望。过低的期望可能会减少成功的可能性，导致抑郁、放弃的想法，甚至降低自尊。

换句话说，我们需要找到一种平衡，既不要过分乐观，也不要过分悲观。我们应该根据现实情况调整我们的期望，并努力培养一种理性的思维方式。这样，我们就能更好地应对生活中的压力，同时保持积极的心态和高自尊状态。

【自我测试】改变不合理的想法

【扫描学习】微课：情绪 ABC 理论

第三节　常见的精神障碍

精神障碍是指一系列影响认知、情感和行为的心理疾病，它们可能由多种因素引起，包括生物、心理和社会因素。中共中央、国务院印发的《"健康中国 2030"规划纲要》中明确指出要"加大全民心理健康科普宣传力度，提升心理健康素养。加强对抑郁症、焦虑症等常见精神障碍和心理行为问题的干预，加大对重点人群心理问题早期发现和及时干预力度……到 2030 年，常见精神障碍防治和心理行为问题识别干预水平显著提高"。为此，了解常见的精神障碍必要且迫切。

一、焦虑症

尽管人们对心理健康的重要性逐渐有了认识，但在现实生活中，仍然有许多心理问题被视为难以启齿的秘密。常常有人会建议道："没关系，你自己解决就好""加油，别担心，你只是想多了……"然而，临床心理学家指出，焦虑症就像糖尿病一样，是一种实实在在的疾病。

在临床实践中，心理学家注意到一个现象：许多病人表现出焦虑症的典型症状，如持续的担忧、失眠、肌肉紧张和注意力不集中等，但他们并未寻求治疗。这种情况的出现可能有多种原因：一些人因为担心治疗费用过高，尤其是心理健康治疗通常不在医疗保险覆盖范围内；另一些人可能因为之前的治疗经历无效而认为治疗无用；还有一些人担心心理问题会成为未来工作和生活的障碍。我们需要认识到，严重的焦虑并不是个人挫折或失败的标志，而是一个健康问题，就像咽喉炎或糖尿病一样，因此焦虑症也应该得到正确的对待和治疗。

在讨论焦虑症之前，我们需要先了解一下焦虑本身。焦虑是一种普遍和正常的情绪，我们在压力下都会感到焦虑。它跟恐惧有所关联，但恐惧是当我们受到短暂的威胁时做出的反应，而焦虑是当我们受到不明确的威胁时做出的长久的反应。它们都是我们身体危险监测系统的一部分，所有动物身上都有这个系统，它能够保护我们免受掠食者的威胁。焦虑始于大脑的杏仁核，这是大脑中的一个组织，是一对杏仁大小的神经，它会提醒大脑的其他区域做好防御行动的准备。此外焦虑还要依靠另一个名为下丘脑的组织传递信号，引发我们所谓的身体压力反应，导致肌肉紧张，呼吸和心跳加速，并且血压升高。随后脑干区域开始启动，使人处于高度警觉状态。这就是所谓的"战斗或逃跑 (fight-or-flight) 反应"。

有一些策略可以调控我们的战斗或逃跑反应，这涉及大脑中的前额叶皮层——一个负责高级认知功能的区域。例如，假设某人遇到了一个潜在的危险，比如一只老虎，这种情形会刺激他的杏仁核，引发逃跑的冲动。然而，前额叶皮层此时可以介入并发挥作用，对杏仁核说："请注意，这只老虎实际上被关在笼子里。这意味着它无法伤害你，没有必要紧张。"这种积极的反馈循环有助于控制我们的初始反应。海马体也会参与其中，协助我们评估情况："我们以前见过老虎被关在笼子里，现在我们正在动物园，处于安全环境。"但是，当焦虑感升起时，这些用来减少或抑制威胁感的中枢系统可能无法正常工作，导致我们对于未来的担忧和对安全感的渴求。

焦虑症是一种普遍存在的心理健康疾病。根据全球心理健康调查的数据，大约有 16%的人正在或曾经罹患过焦虑症，其中包括社交焦虑症、恐慌发作、场所恐惧症和其他类型的恐惧症。研究指出，焦虑症患者在应对压力时可能会产生比常人更强烈的反应，而且他们的大脑处理信息的方式可能与没有焦虑症的人不同。

焦虑症的神经生物学模型揭示了杏仁核及其与其他大脑区域的连接可能紊乱。负责引发焦虑的神经路径可能变得过于活跃，导致个体越是焦虑，这些路径就越加强化，形成一个自我强化的恶性循环。尽管这看起来像是一个难以摆脱的恶性循环，但幸运的是，有多种治疗方法可以帮助焦虑症患者减轻他们的痛苦。

请记住，寻求治疗并不是一种软弱，而是通过改变大脑的运作模式来治疗焦虑症。研究显示，大脑具有重塑和建立新连接的能力。关注基本的生活习惯是一个良好的起点：保持均衡的饮食，定期锻炼身体，确保充足的睡眠，因为大脑是身体的一部分。练习冥想也可能有助于减轻焦虑。通过深呼吸来减缓"战斗或逃跑"反应，可以改善当前的情绪状态。

认知行为疗法(CBT)也是一种有效的治疗方法，它是一种谈话疗法，可以帮助个体学会识别和评估引起焦虑的不合理想法，并确认这些想法是否与现实相符。随着治疗进程的推进，CBT 可以重新构建那些抑制焦虑反应的神经通路。药物治疗也是缓解焦虑的一种方式，无论是短期还是长期来看都是如此。在短期内，当身体的威胁检测系统过度激活时，抗焦虑药物可以帮助减轻焦虑。长期来看，药物治疗和 CBT 都可以减少观察到的杏仁核的过度反应。因此，正如高血压和糖尿病可以通过逐步治疗被控制一样，焦虑症也可以得到有效管理。

【成长练习】快捷减压法

当你感受到对压力无能为力时，可以尝试以下两种简单的减压方法。

耸肩：

(1) 起身站立。

(2) 把肩膀耸起到耳朵旁边，用力挤压后再放下。

(3) 将上述动作重复三遍。

进行全身伸展：

(1) 站立，尽力伸直并张开双臂。

(2) 慢慢地将双臂垂放至身体两侧。

(3) 低垂下巴，张大嘴巴模拟打哈欠，就像金鱼冒泡一样，重复这个动作三次。

(4) 再次将手臂伸直举过头顶，伸直手指，放松肩部。

(5) 快速摇动肩膀和手臂，以减轻紧张或恐惧的感觉。

二、抑郁症

抑郁症是一种在全球范围内普遍存在的精神健康问题。数据显示，大约有十分之一的成年人受到抑郁症的折磨。与生理疾病如高胆固醇或高血压相比，抑郁症作为一种精神疾病，其复杂性往往更难被公众理解。最常见的情况是，人们将日常生活中的短暂情绪低落与抑郁症混淆。在日常生活中，我们都会经历情绪低落的时刻，考试不理想、工作受挫、人际纠纷，或者只是糟糕的天气，这些因素都可能导致我们感到不快乐。情绪低落甚至可能是无原因的，但通常会随着时间自然缓解。

然而，抑郁症与短暂的情绪低落有显著的区别。作为一种病理性的情绪失调，抑郁症超越了意志力的范畴，无法通过单纯的意志力克服。抑郁症的症状至少会持续两周，会对患者的工作表现、行为能力和情感生活产生深远影响。抑郁症的表现形式多种多样，包括持续的情绪低落、对通常感兴趣的活动失去兴趣、食欲变化、自我怀疑或极度罪恶感、睡眠障碍、注意力分散、行为减缓或焦虑不安、全身疲乏，以及反复出现的自杀想法。当一个人出现五种或五种以上这些症状时，根据精神病理学的标准，他就可以被诊断为抑郁症。

抑郁症不仅会导致行为上的明显改变，还会在脑部导致一些可观察到的变化，例如额叶或海马体体积的减少，这些变化可以通过直观观察和 X 光成像来检测。在分子层面，抑郁症与血清素、去甲肾上腺素和多巴胺等神经递质的异常输送和消耗，生物钟的失调，睡眠模式的改变以及荷尔蒙失衡(如皮质醇水平升高或甲状腺激素异常)有关。尽管如此，神经科学家还未能完全揭示抑郁症的成因。

抑郁症的成因可能与遗传和环境因素的相互作用有关，但我们目前还无法精确理解这种相互作用的细节。由于抑郁症的症状往往是内在的，因此我们很难识别那些正在默默承受痛苦的人。美国心理健康研究中心的数据显示，平均而言，每位精神健康疾病患者在寻求专业帮助之前忍受了至少 10 年的折磨。所幸，对于抑郁症，目前已有多种有效的治疗手段，包括药物治疗和心理治疗，这些方法可以帮助调节大脑内的化学物质平衡。在某些病例中，电休克疗法也显示出一定的效果。此外，经颅磁刺激等新兴治疗方法也正处在广泛的研究中。

如果生活中你身边有抑郁症患者，请鼓励他们寻求专业的心理健康服务，如与心理医生交谈。你甚至还可以提供更为具体的帮助，比如协助他们准备一个问题列表，以便在咨询医生时使用。对于抑郁症患者来说，主动寻求帮助的第一步是极其艰难的。如果他们感到愧疚或羞耻，你应该向他们澄清，抑郁症是一种疾病，类似于哮喘或糖尿病，可以通过医疗手段得到治疗。你应该向他们强调抑郁症不是他们的弱点，也无关他们的个性，他们需要借助外界的帮助来战胜这个疾病。

如果你没有经历过抑郁症，请不要将抑郁症患者的痛苦与你偶尔的情绪低落混淆。这种误解可能导致患者自责。即便是简单地了解和讨论抑郁症，也能为他们提供帮助。例如，研究显示，主动与人们探讨自杀的想法实际上可以减少他们的自杀行为。公开地讨论精神健康问题有助于减少患者的羞愧感，并激励他们寻求帮助。只有当更多的患者主动寻求治疗时，我们才能在抑郁症研究领域取得进展，为他们提供更先进的治疗方法。

【科学前沿】当脑机接口成为"快乐开关"，你会选择吗？

对于众多现代人而言，感受快乐似乎成了一项挑战。随着歌手李玟离世的消息传来，公众再次将目光聚焦到了抑郁症这一问题上。近几年来，关于抑郁症的讨论愈发频繁。世界卫生组织数据显示，抑郁症已成为全球主要的精神疾病之一，影响着大约 3.5 亿患者，并且每年约有百万患者因抑郁症结束生命，这一数字在大流行期间还有所上升。预计到 2030 年，全球在精神健康方面的花费将达到 16 万亿美元。《2022 年国民抑郁症蓝皮书》指出，我国抑郁症患者数量也已高达 9500 万。

抑郁症患者常常遭受持续的情绪低落、自我怀疑、兴趣丧失和活力减退等问题的困扰。

一直以来，这一疾病的模糊病因、复杂的病理机制以及漫长的治疗过程都让人闻之色变。更令人沮丧的是，许多患者发现，传统治疗手段如药物治疗和心理治疗往往无法彻底消除抑郁症状。那么，如果技术进步为我们提供了一个"快乐开关"——脑机接口，我们是否应该按下它呢？

不可否认，脑机接口似乎是治疗抑郁症的一个理想选择。作家安德鲁·所罗门在《正午之魔：抑郁是你我共同的秘密》中描述抑郁症时指出，抑郁症是一种深植于我们体内的化学作用的疾病，而脑机接口可能正是解开这些复杂化学问题的钥匙。尽管我们尚不能完全明了大脑中的物质运动与我们的思想和情感如何互动，但我们已经知道，大脑中异常的化学反应与抑郁症息息相关。

人类拥有120亿个神经元和无数的突触，我们还没有完全掌握让这些复杂结构完美协同的方法。大脑中的神经递质作用方式复杂，针对某一递质的干预可能会影响其他递质，进而影响身体机能。目前，对抑郁症尽管已有多种针对性的治疗手段，但这些手段对超过三成的抑郁症患者疗效不佳，这些情况被称为难治性抑郁症。

脑机接口技术提供了一种新的治疗途径。这项技术通过电极监测大脑活动，并将神经信号转换为计算机命令，为抑郁症的治疗带来了新希望。已有研究表明，脑机接口治疗对改善抑郁症状具有潜在的有效性。例如，一项研究发现，经过脑机接口治疗的难治性抑郁症患者中有七成症状得到明显缓解，其中四成完全缓解。

脑机接口治疗不仅可能带来心理上的改善，也可能对身体健康产生积极影响，减少因抑郁症引发的生理问题，如炎症和其他健康风险。然而，在广泛应用这项技术之前，我们必须解决其伦理和技术问题，考虑自由意志、人类幸福和自我决定权等课题，并在追求短期幸福和长期福祉之间找到平衡。

三、躁郁症

躁郁症，也被称为双向情感障碍(bipolar disorder)，是一种影响情绪稳定性的疾病，它将病人的生活状态分为两个极端：一方面是充满活力和愉悦的高潮期，另一方面是情绪低落和抑郁的低谷期。躁郁症有几种类型，最常见的是以下两种：第一种是情绪高潮期与低谷期交替出现；第二种是温和的情绪高潮穿插在长期的抑郁期中。对躁郁症患者而言，要达到健康生活的平衡是一种挑战。

在情绪高潮期间，患者可能会感到极度兴奋或易怒，甚至产生一种自我膨胀的感觉。这种异常的情绪高峰可能会引起其他症状，如思维混乱、失眠、言语急促和冲动行为。如果未经治疗，这些症状可能会变得更加频繁和严重。而在抑郁期间，患者可能会感到情绪沮丧、兴趣减退、食欲不振，甚至产生自杀的念头。大约 1%～3%的成年人受到躁郁症的影响，但这些人中很大一部分仍然能在社会中发挥积极作用。

研究指出，复杂的大脑回路可能是导致躁郁症的原因。在大脑健康的情况下，神经元之间有强有力的连接，大脑能够不断修剪和清除无用的或错误的神经连接。这一过程至关重要，因为神经通路就像是指南针，引导着我们前进。通过功能性磁共振成像，科学家发现大脑的修剪清理过程在躁郁症患者身上受到了干扰。这意味着患者的神经元连接失控，形成了一个无法正确导航的网络。躁郁症患者面临的是大脑混乱的信号指导，他们会产生异常的想法和行为。同时，在躁郁症的极端阶段，精神病的症状，如言语混乱、行为失控、妄想、偏执和幻觉等也可能出现。

面对躁郁症的多重成因，确诊和与疾病共存确实存在难度。尽管如此，躁郁症仍是可以得到有效控制的。例如，锂盐这类药物有助于调节危险的想法和行为，稳定患者的情绪，通过降低大脑中的异常活动可以增强神经连接的有效性。此外，抗精神病药物可以通过调整多巴胺的作用来控制躁郁症，而电休克疗法这种有时被用作控制大脑的癫痫样发作的紧急治疗的手段，也是针对躁郁症的常用的治疗方法。有些患者对治疗持犹豫态度，担心治疗会带来情绪的低落并影响他们的创造力。但是，现代精神治疗方法正在努力避免这种副作用。现在的医生会根据病人的具体情况，制定个性化的治疗方案，以帮助患者最大限度地发挥他们的生命潜力。

躁郁症患者可以通过一些简单的生活方式的调整来改善他们的状况，这些调整包括定期进行体育锻炼、保持良好的睡眠习惯、限制酒精摄入，以及获得家人和朋友的支持和认可。重要的是，要认识到躁郁症是一种医疗状况，而不是患者个人的责任，也不应成为评价他们个人身份的标准。这种病症是可以被管理的，通过药物治疗可以在患者大脑内部产生积极效果，同时，来自外部的家人和朋友的支持和理解也是至关重要的。患者本人也需要积极寻求生活中的平衡点。

四、创伤后应激障碍

在人生旅途中，不少人都会遭遇各种形式的伤害。有的伤害我们可以将其修复而不受影响，但是，有成千上万的人发现自己难以摆脱受伤害的经历，这些经历如影随形，给他们带来一系列后遗症，包括记忆闪回、噩梦，以及持续影响他们日常生活的负面情绪。这种情况就是我们所说的创伤后应激障碍，简称 PTSD。需要明确的是，PTSD 并非个人意志的失败，而是一种可以被治疗的生理机制失衡，这种机制本来是为了在面对危险时帮助我们的。

为了深刻理解 PTSD，我们必须探讨大脑如何应对如亲人离世、家庭暴力、身体受伤害或疾病、虐待、强奸、战争、车祸和自然灾害等严峻挑战。这类事件会触发大脑的应激反应机制，也就是著名的"战斗或逃跑反应"。一旦这个应激反应被启动，大脑的下丘脑、脑垂体和肾上腺就会通过"下丘脑-垂体-肾上腺轴"共同协作，向副交感神经系统发出信号。副交感神经系统负责调节肾上腺与其他身体器官之间的相互作用，进而调整心率、消化和呼吸等身体功能。这一系列反应导致多种压力激素的释放，使身体进入一种防御状态，表现为心跳加快、呼吸急促和肌肉紧张等症状。即使在危机过后，这些压力激素在几天内仍会保持较高水平，这可能导致过敏反应、噩梦和其他症状。

经历这些挑战后，多数人的相关症状会在几天到两周内消失，其荷尔蒙水平也会逐渐恢复正常。然而，对那些遭受过心理创伤的人来说，摆脱这些问题要困难得多，有时他们的症状虽暂时消失，却可能在数月后复发。我们尚不完全清楚发生这种情况时大脑内部的机制，但有一种理论认为，压力荷尔蒙皮质醇可能会持续激发"战斗或逃跑反应"，同时降低大脑其他功能，导致出现许多症状。这些症状通常分为四类：侵入式想法，如梦境或闪回；对心理创伤记忆的回避；负面的想法和感觉，如恐惧、愤怒和罪恶感；以及易怒或失眠等症状。并非所有病人都会体验到全部这些症状，且各个病人体验到的程度和强度也各不相同。如果这些症状持续一个月以上，那么该病人就很可能罹患 PTSD。

多种因素，如遗传、长期压力、先前的心理健康问题或缺少情感支柱，都可能对 PTSD 的发生产生影响。尽管 PTSD 的确切成因尚不清晰，但其治疗的主要难点在于它的敏感性。PTSD 患者在遇到生理或心理上的触发时，其大脑会不自觉地将这些刺激与过去的创伤经历联系起来。这些刺激在日常生活中可能并不具有实际危险，却能引发患者强烈的生理和情感反应。例如，燃篝火的气味可能会激起某人曾身陷火灾的回忆。对 PTSD 患者而言，这种回忆会触发与其原创伤相一致的神经生理反应，使患者重温当时的恐惧和无力感，仿佛他们再次经历了那段痛苦。试图规避这些不可预见的事件可能导致患者被社会孤立，使患者感到更加无助、被遗弃和不被理解，就像他们的生活被暂停了，而周围的世界却继续前行。

尽管如此，PTSD 患者并非毫无选择。如果你认为自己可能遭受 PTSD 的困扰，你需要迈出的第一步就是寻求心理健康专家的评估，因为他们能提供专业的诊断和丰富的应对资源。心理治疗已被证明对 PTSD 非常有效，它能够帮助患者理解其症状的成因。此外，有些药物也能帮助你更好地控制症状。在专家指导下的自我照顾行为，如保持专注和锻炼，也会有一定作用。如果你认为你的家人或朋友可能患有 PTSD，这时你能做的是尽可能为他们提供社交支持、接受感和同理心。你需要让他们知晓你的关心，以及你不会责怪他们的行为。如果他们对这个话题持开放态度，鼓励他们寻求评估和治疗就显得尤为重要。

【心理百科】变态心理学

变态心理学研究的是非典型的行为，即精神障碍和精神残疾。辨别变态行为的极端形式并不难，但是常态与非常态之间的界线却不是那么清楚。例如，因亲人去世而感到悲伤是正常的，但是悲伤到何种程度，悲伤多长时间，却是个问题。正常的悲伤在何时结束？反常的悲伤或病态的抑郁在何时开始？把你得到的每一张收据都保存起来，直到家里几乎没有地方可放，这被认为是反常的；那么，为了"以防万一"而把大多数收据保存一两年，算不算反常呢？我们大多数人认为，有点非理性的恐惧是正常的，比如害怕蜘蛛或害怕当众演讲，但如果恐惧严重到使你不能工作、不能享受生活，这还能算是正常吗？另外，在一种情境下是正常的行为，到另一种情境下可能就会被认为是反常的。比如，在有些宗教里，临时被"上帝"或鬼魂附身并以他们的口气说话，都算是正常的，但是，在其他情况下这种行为就会被看作是严重精神病的征兆。同样，历史和文化的因素也会影响关于什么是正常的、什么是反常的看法。

有人试图把不同形式的变态行为归类，这样，在不同地方或不同背景下工作的人都能知道他们指的是哪一种行为。目前，最常用的分类系统就是美国精神病协会编纂的《精神障碍诊断与统计手册》，表 6.1 是其中提到的一些常见的变态行为：

表 6.1　常见的精神障碍分类及举例

类别	具体的例子
精神分裂及其他精神障碍	一组以精神病症状为特点的障碍，如在幻觉或妄想中与现实脱离、思想和知觉的明显失调、行为古怪等
焦虑障碍	主要症状是焦虑，要么是对某种特殊刺激的反应，如恐惧症；要么是扩散性的焦虑，如一般化的焦虑。这类障碍往往会引起恐慌症的发作，即一系列焦虑症状的突然紧急发作
心境障碍	偏离正常心境，从极度抑郁到异常得意(躁狂症)，或在两者之间交替
躯体化障碍	身体上的症状，如疼痛或麻痹，但又找不到身体上的原因，似乎是心理因素在起作用。比如，儿子一参军，母亲的右胳膊便不能动了，但儿子休假回到家里，她的胳膊就又好了。在这个类别中还有疑病症，也就是对健康的过度担心以及疑病妄想，病人常常会有错误的信念，认为自己得了致命的疾病
分裂性障碍	这类障碍使通常完整的功能(如意识功能、记忆功能、识别功能或知觉功能等)因情绪原因而分裂。在这个类别中还包括多重人格障碍和遗忘症，例如忘记曾受过的创伤
性和性别认同障碍	不仅包括性别偏好的问题，如恋童癖、恋物癖，还包括性别认同上的问题，如易性癖和性功能不全
进食障碍	以进食行为的严重紊乱为特点的失常，如神经性的厌食和贪食
睡眠障碍	睡眠的总量、质量或时段不正常(如失眠)，或在睡眠时有变态行为或生理现象发生(如梦魇、夜惊、梦游等)
冲动控制障碍	不能抵抗冲动、驱力或诱惑，如偷窃癖(不为个人获取什么，只受冲动支配的盗窃行为)和拔毛癖(为快乐或为舒缓紧张情绪而习惯性地拔下自己的毛发的行为)
人格障碍	内心体验和行为的持久模式，它们是持续而固定的，会引起痛苦或损伤，而且不符合社会规范。例如，自恋型人格障碍就和夸大妄想相关，有此障碍的人需要赞赏但却缺乏同情心；强迫型人格障碍的特点是过分追求整齐有序、尽善尽美和对事物的控制
药物性精神障碍	对酒精和毒品的过分摄入或依赖
假性障碍	故意搞出或装出身体上的或生理上的症状，为的是假装成"生病的人"或为了得到别的好处，如金钱上的好处或减少自身责任

【成长练习】冥想的力量

【佳片有约】美丽心灵(A Beautiful Mind(2001))

《美丽心灵》电影改编自同名传记，讲述了患有精神疾病的天才数学家约翰·纳什的传奇一生。电影聚焦于约翰·纳什在普林斯顿大学时的生活，讲述了他与妻子艾丽西亚的情感故事、他的精神障碍的发病及治疗过程。尽管纳什的人生充满起伏，但最终他克服了重重困难站在了诺贝尔奖的领奖台上。

纳什凭借着他在数学领域的卓越天赋，踏入了普林斯顿大学的学术殿堂。大学时光对他而言，是人生的黄金时期。在导师的鼓舞下，他全身心投入到学术研究之中。1950年，年仅22岁的他完成了仅27页的博士论文，论述非合作博弈，该理论后来被称为"纳什均衡"。这一成就不仅为他斩获了诺贝尔经济学奖的殊荣，更为他其后数十年的学术生涯奠定了坚实的基石。

随后，纳什前往麻省理工学院担任教职，在那里他遇见了一位令他心动的学生——艾丽西亚。她对他的才华充满敬仰，而他也被她的美丽和智慧所吸引。两人情感日渐深厚，最终携手走进了婚姻的殿堂。

然而，就在纳什看似获得爱情和事业双丰收之际，他的精神健康问题开始显现。他自称服务于美国国防部，破解"神秘"密码，而他的"室友"查尔斯，实际上是一个虚构的人物。他因幻听和幻觉被诊断为精神分裂症，且出现了典型的精神分裂症阳性症状：感知觉障碍，如幻听；思维障碍，如妄想。他的行为变得异常，对学术和工作的热忱也随之消退，逐渐被学术界遗忘。

心理障碍的发病和治疗，与身体疾病不同，它受多种因素影响，难以捉摸。纳什既是不幸的精神分裂症患者，又是诺贝尔奖的获得者，这两种身份在他身上奇妙地统一。他的一生见证了爱与理解如何与精神疾病抗衡，并最终实现了那巧妙的"纳什均衡"。正如影片中所言："只有在爱的神秘方程式中，才能找到所有的逻辑和理由。"

第七章　成长心理学

【案例导读】　人生最大的挑战就是自己

《最受欢迎的哈佛心理课》一书中有这样一则故事：

美国一位从事个性分析的专家曾在办公室里接待了一位因企业破产而负债累累的流浪者。

专家从头到脚细致地审视着对方：迷茫的双眼，萎靡不振的精神状态，十多天未刮的胡须，以及那紧绷的神经。专家想了想说："虽然我没有办法帮助你，但如果你愿意的话，我可以介绍你去见本大楼的一个人，他可以帮助你赚回你所损失的钱，并且协助你东山再起。"听闻此言，流浪者瞬间激动起来，紧握住专家的手，急切地请求道："看在老天爷的份上，请带我去见这个人。"

专家领着他来到一块看似普通的帘布前，轻轻拉开，露出一面巨大的镜子，让他能够清晰地看见自己的全貌。专家指着镜子道："就是这个人。在这世界上，只有这个人能够使你东山再起，你觉得你失败了，是因为输给了外部环境或者别人吗？不，你只是输给了自己。"流浪者缓缓走近镜子，轻抚着那胡须丛生的脸庞，端详镜中的自己，然后后退几步，低下头，默默地哭泣。

数日后，专家偶遇了这位曾经的流浪者，他已焕然一新，身着笔挺的西装，步伐矫健有力，昂首挺胸，先前的颓废、惶恐与紧张已然消失无踪。最终，他成功地东山再起，成为了芝加哥的富豪。

人生之旅，始终伴随着对自然环境、社会环境和家庭环境的适应与克服。因此，有人将人生比作战场，勇者得以胜出，而怯懦者则败下阵来。在这场从生至死的战斗中，我们所遭遇的种种人、事、物，均成为我们战斗的对象。然而，最难以驾驭的敌人，往往是我们自己的心念，它常常不受我们的控制。

他人如何看待你，其实并不重要，关键在于你是否能坚定地肯定自我。别人如何击败你并非核心问题，真正的关键在于你是否在他人打败你之前，就已经败给了自己。许多人之所以失败，往往是因为他们输给了自己，而非他人。只要我们能够战胜自己内心的敌人，那么世界上便再无其他敌人。

正如故事中的主人公所展示的那样，战胜自己并非易事。人们在得意时容易忘乎所以，失意时则可能自暴自弃；被他人赞誉时，可能觉得自己无所不能，而遭遇困境时，又可能觉得自己是世上最不幸的人。只有当我们能够摆脱成败得失的束缚，即使在身体不自由的情况下也能保持内心的宁静与自在时，才是真正地战胜了自己。懒惰、骄傲、固执、偏见、狭隘和自私，这些都是人性的弱点；而勤奋、谦逊、协调、客观、宽容和大度，则是人性的优点。

人生中最为强大的对手是自己，而最大的挑战即在于不断挑战与超越自我。

自己肯定自己，是一种意志的胜利；

自己征服自己，是一种灵魂深处的提升；

自己控制自己，是一种理智的辉煌成就；

自己创造自己，是一种心理境界的升华；

自己超越自己，是一种人生的成熟。

问题思考

(1) 认识自我对于成长的意义何在？

(2) 你是如何认识自己的？

(3) 你属于哪种个性的人？

(4) 你能否愉悦地接纳自我？

(5) 你将如何成为更好的自己？

认识自己对于个人成长至关重要，它有助于更好地理解自己、与他人建立更健康的关系、设定并追求个人目标、提高生活质量以及更好地应对生活中的挑战。认识自己是一个持续进步的过程，通过自我反思、学习和经验积累，我们可以不断提高自己的自我认识水平。可以说，认识自己这个任务贯穿我们整个生命，关系着我们发展的方向与高度。

第一节　认识自我

在希腊的福克斯市，著名的德尔菲神庙矗立于帕尔那索斯山脚下。该神庙的建立可追溯至公元前 1000 年左右，据传太阳神阿波罗在消灭巨蟒后，亲自选址并建造了这座神庙，因此这座神庙被誉为"地球的脐心"。随着时间的推移，德尔菲神庙逐渐演变为古希腊诸神向寻求神谕的访者传达启示之地。这些传世的神谕大约有 600 条，在古时被视作神的旨意。尽管时至今日，我们已不再迷信曾经的传说与神话，但是德尔菲神庙的确给现代人留下了很多宝贵的财富，若论及其中最为深刻且影响久远的，恐怕要数阿波罗神庙门楣上那块石板所刻的箴言了。据传，这句箴言是由"七贤"共同创作的，其内容言简意赅，即"认识你自己"。直到今天，这行字在经历了几千年的沧海桑田的变化后，仍然依稀可见，而这看起来简单的几行字却是人类迄今为止最难解释的一个课题：正确认识你自己。

正确认识自己，在西方的神话体系中被表述为斯芬克斯之谜。狮身人面兽斯芬克斯每天都问行人一个问题："有一种动物，它在早晨用四条腿走路，在中午用两条腿走路，在晚上用三条腿走路，这个动物是什么？"过往的人答不上来就会被斯芬克斯吃掉。年轻的俄狄浦斯在路过的时候说出了答案："这个动物就是人。"斯芬克斯大叫一声跑到悬崖边跳了下去。故事到此结束，但故事留给我们的思考却是永远不会结束的。它说明离我们最近的东西往往是最难认识的。在人生的整个成长过程中，我们可以不断地认识天地万物，增长经验，但唯独难以认清我们自己。

一、走进自我

人类对于自我问题的思考和探索源远流长。一方面，在有意识的体验或思考中，"我"始终存在，并且是整个意识精神结构中不可或缺的成分，我们很难想象没有体验者的体验的存在；然而另一方面，这一看似单一、连续、拥有体验的自我似乎又并不存在，科学无须预设一个内在的体验者就能观察大脑的活动。正如笛卡尔所提出的著名疑问："我知道我存在，问题是，我所知道的这个'我'是什么？"

心理学家希尔加德曾写道："……自我意识……是最不可靠的。你……会发现自己就像坐在理发店里的两面镜子中间一样，一个影像看着另外一个，你看着我，我看着你，很快你就会对自我是观察者还是被观察者感到困惑。"心理学家威廉·詹姆斯最先认识到这种二元性，他建议通过使用不同的术语——主我(I)和宾我(ME)——来区分这两种不同的自我。根据他的建议，我们用主我来指代自我中积极地感知、思考的部分，用宾我来指代自我中注意、思考或感知的客体部分。当你说，"我看到小 A"时，此时只有主我而没有宾我；而当你说，"我看到了镜子中的我"时，前一个"我"依然是主我，而后一个"我"则是宾我。尽管主我和宾我是自我的两个重要方面，但有别于哲学家关注的主我，心理学家往往更关注宾我。

【成长练习】我是谁？

第一步：请你在纸上写下 20 句不同的描述："我是一个_____的人"，要尽量选择一些可以反映个人风格的语句，避免类似于姓名、性别和籍贯的描述。完成这些句子可能要花费一些时间和精力，但你将会在认真填写后得到更多收获。

第二步：将你填写的条目作以下归类：

(1) 生理的我，包括长相、身材、身体素质等；

(2) 心理的我，包括性格、能力、情绪状态等；

(3) 社会的我，包括道德品质、交往能力等。

第三步：请你评估一下自己的各个描述是积极的还是消极的。每条积极的描述加一分，每条消极的描述减一分，将所有条目分数加起来获得总分。如果总分大于零，则表示你对目前的自己还比较满意；如果总分小于零，则表示你对目前的自己不太满意。

第四步：完成上面的练习之后，你是否对自己有了一定的了解呢？哪些事物是你喜欢的，哪些是你不喜欢的？哪些是你愿意接纳的，哪些是你不愿意接纳的呢？对于自身的积极方面，我们是乐于接受的；而对于消极方面，我们是不愿面对的。不接纳自己的人会有某种程度的自我否认与自我排斥倾向，但是世间哪有完美之人，正所谓"我坚持我的不完美，它是我生命的本质"。

二、认识自我

美国心理学家乔与韩瑞共同提出了自我认识的窗口理论，这一广为人知的理论又被称为乔韩窗口理论。在他们的观点中，人对于自身的认识实则是一个持续的、不断探索的过程。人的自我，可被划分为四个彼此不同但紧密相连的部分：公开的自我、盲目的自我、秘密的自我以及未知的自我。

如图 7.1 所示，A 区域是公开的自我。它代表我们自己知道且别人也知道的方面。这是我们愿意公开的或是不能隐瞒的部分，例如我是中国人、我是学生等。

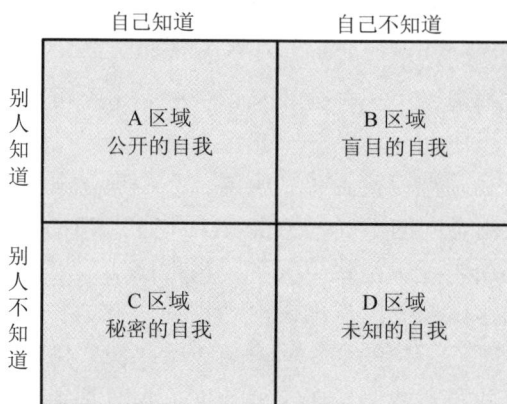

	自己知道	自己不知道
别人知道	A 区域 公开的自我	B 区域 盲目的自我
别人不知道	C 区域 秘密的自我	D 区域 未知的自我

图 7.1　乔韩窗口

B 区域是盲目的自我。它代表别人知道而自己不知道的方面。B 区域代表着我们没有意识到或无意识地在别人面前表现出来的部分，例如一些习惯动作、说话方式、行为姿态等。

C 区域是秘密的自我，它代表我们自己知道而别人不知道的方面。C 区域包括那些我们不愿在别人面前显露出来的个人隐私，例如惭愧的往事、内心的痛楚等。

D 区域是未知的自我，它代表我们自己不知道并且别人也不知道的方面，属于无意识的部分。

乔韩窗口理论认为，每个人的自我都由这四部分构成，但是每个人这四个部分的比例并不是完全相同的。而且随着个人的成长及阅历的增加，自我的四个部分也发生着相应的变化。当一个人自我的公开区域扩大，那么他的生活会变得更加真实，无论他是与人交往还是独自相处，都会显得轻松愉快而且更有效率。当一个人自我的盲目区域变小，那么他对自我的认识也会变得更清楚，更能在生活中扬长避短，不断发挥自己的个人能力。乔韩窗口理论给我们打开了一扇认识自我的窗口，通过分享内心深处的秘密自我，并接受他人的反馈以减少自身盲目的认知，我们将能够更加客观、全面且深刻地了解自己。而认识自我的主要方式，可以归结为以下三种途径。

1. 从"我"与他人的关系中认识自我

人际交往是个人自我认知的重要源泉，他人如同镜子般映射出我们的形象。从童年至成年，我们的关系网络从家庭延伸至友情，再到社会中的复杂人际关系网络。明智且深思熟虑的个体，能够从中汲取丰富的经验，并据此规划自身的发展道路。然而，在通过与他人的交往来认识自我时，我们也应审慎地注意一些要点：

第一，我们应当关注，在行动中我们与他人比较的是条件还是成果。例如，有些大学生入学后，因家庭背景和经济状况不如他人而自感低人一等，进而影响了心态和情绪。但更为合理的比较对象应当是毕业后的成就，而非学习期间的初始条件。

第二，我们用以比较的对象是不可改变的还是可以改变的？许多人常因身材、相貌、家庭背景等难以改变的因素而自感不如他人。然而，对于大多数人而言，这些条件并非实际比较的有效对象。

第三，我们应与何种人进行比较？是与自己拥有相似条件的人，还是遥不可及的人，又或是条件不如自己的人？确定一个恰当的比较对象对自我认知的准确度至关重要。

2. 从"我"与事的关系中认识自我

从"我"与事的关系中认识自我，即是通过反思个人行为经验来洞察自我。通过审视自己曾完成的事项及所得结果，我们可以窥见自身的长处与短处。对于那些善用智慧的人来说，他们能够从成功与失败中汲取经验教训，进一步迈向成功。这是因为他们深知自我，善于学习，并拥有坚定的性格特质，从而避免了重蹈覆辙。然而，对于某些较为脆弱的人而言，他们往往只聚焦于失败所带来的负面效应，反而导致一再失败。这是因为他们无法从失败中汲取教训，并在挫败后产生对失败的恐惧心理，不敢直面现实以应对困境或挑战，因此错失了许多成功的机会。另外，对于某些盲目自大的人来说，成功反而可能成为他们失败的原因。一旦取得成就，他们可能变得骄傲自满，进而在后续的行动中不自量力，最终遭遇失败。

3. 从"我"与自己的关系中认识自我

从"我"与自己的关系中认识自我看似直观易懂，但实际上，要实现这一点却颇具挑战性。按照以下角度认识自我或许能帮助我们更深入地理解自己：

第一，认识自己眼中的我。这涵盖了身体特征、外貌、性别、年龄、职业选择、性格特点、气质以及能力等多个维度。

第二，认识别人眼中的我。在与他人的交往中，我们可以通过观察他人对我们的态度、情感反应来感知自我。值得注意的是，不同关系、不同类型的人对我们的反应和评价往往各不相同，因此，我们需要从多数人的反馈中提炼出对自己更为全面的认识。

第三，认识自己心中的我，即理想中的自我形象。这代表了我们对自己的期望和追求。

通过综合考量自己眼中的我，别人眼中的我和自己心中的我，我们可以进行深入的比较分析，从而更全面地认识自己，进而不断完善自我。

【扫描学习】微课：认识你自己

【成长练习】生命线

1. 请你预先设想自己生命的可能长度，也就是预计自己的生命可能延续多少岁。以零岁为起点，以设想的生命结束的年龄为终点，在白纸上画一条线段。设想的年龄要以家族寿命状况以及生活地区的寿命情况为参考，不可毫无根据地设想。

2. 在线段上标示出现在的年龄，将线段一分为二。

3. 以现在的年龄为分界线，写出生命当中已经发生的三个重大事件，再写出未来希望发生或可能发生的三件事，同时在线段上标出事件对应的年龄。

4. 以上活动内容的完成需要在 15～20 分钟以内。

请你思考：

1. 如何在有限的人生旅程中，实现自己的人生价值和意义？

2. 在已知的生命历程中，你有哪些值得欣赏的成功和值得感悟的美好？

3. 应该如何面对生命中的挫折与苦难？

4. 良好的心态能否造就生命的成功？

三、分析自我

1. 用特质来描述

你知道有多少形容词可以用来描述个人特征吗？此时你脑海中一定浮现出很多词语。在英文中，用于描述个人特征的单词超过 18 000 个。特质，可被理解为个体在多数情境下展现出的稳定且持久的品质。例如，你的朋友不论是在食堂打饭还是参加社团活动时，与陌生人都很容易一见如故，聊得热火朝天，因此你会想到用"外向活泼""善于交际"等词语来描述他，这些词语很可能就是他稳定的人格特质。

你知道自己有哪些人格特质吗？你可能会说："我有时乐观、保守、对人友善，但是有时又害羞、悲观和随心所欲，我自己也不知道我是什么样的人。"遇到这种情况，你就需要认真分析一下，哪些人格特质是你平时的典型行为，如果乐观、对人友善是你经常表现出的行为，而只有当你需要演讲时才会表现出害羞和悲观，那么这意味着你在人格上基本是一个乐观主义者。下面列出的是一些描述人格特征的词，你可以标出符合自己特点的词，然后在已标出的词语中找出最符合你自己特点的那一个。

有攻击性	有条理	有抱负	聪明
自信	忠诚	慷慨	冷静
热情	大胆	谨慎	可靠
敏感	成熟	有天赋	好忌妒
好交际	诚实	风趣	宗教感强
支配欲强	迟钝	严谨	神经质
谦虚	无拘无束	好幻想	快乐

体贴他人	严肃	乐于助人	情绪化
整洁	焦虑	顺从	好脾气
自由	好奇心强	乐观	厚道
温柔	易接近	易动情感	易冲动

【心理百科】巴纳姆效应

"你很需要别人喜欢并尊重你，你具有自我批判的倾向。你有许多可以成为你优势的能力没发挥出来，同时你也有一些缺点，不过你一般可以克服它们。你有时怀疑自己所作的决定或所做的事情是否正确。你喜欢生活有些变化，厌恶被别人限制，别人的建议如果没有充分的证据你不会接受。你认为在别人面前过于袒露自己是不明智的。你有时外向、亲切、好交际，而有时内向、拘谨、沉默。你的有些抱负可能不太现实。"

用上面这段话描述你有多恰当？这段话里包含很多笼统的、一般性的人格描述，而这些描述几乎可以用在任何一个人的身上，这些描述甚至还存在着拍马屁的可能性。然而，人们却很容易认为这些描述很符合自身的特质。该现象就是常见的巴纳姆效应，星座、血型和算命等都会利用该效应。马戏团传奇人物巴纳姆在自评其精湛技艺时曾言，他之所以广受观众喜爱，就源于其节目中巧妙融合了各类受众所钟爱的元素。正因如此，他成功地使得"每一分钟都有人上当受骗"。曾有一位心理学家针对这一效应做过实验，他给学生们做完明尼苏达多项人格问卷(MMPI)后，让他们在一份真实的评价结果与一份假造的笼统描述之间进行选择。研究结果表明，大多数学生们认为后者对自身性格特征的描述更加准确。

巴纳姆效应揭示了人们在进行自我评估时可能会受到的心理偏差影响。比如，人们倾向于寻找和记住那些符合自己预想或信念的信息，同时忽略或忘记与之相反的信息。当某种信息足够模糊和普遍时，人们会根据个人的经历和情感，将其解释为特别针对自己的描述。此外，人们有时也会为了满足自己的心理需求（如被理解、被认同的需求）而接受这些模糊的描述。

2. 用类型来描述

艾森克认为，稳定的特质是构成人格的基本单元，而这些特质结合在一起则构成类型。他认为，人格由三个类型或基本维度组成，即内倾/外倾(extraversion，E)、神经质(neuroticism，N)和精神质(psychoticism，P)组成。我们通常用 E、N、P 三个字母来代表人格的三个维度。艾森克认为，对于心理正常的人来说，人格是由两个基本维度组成的，即 E 维度(内倾/外倾)和 N 维度(稳定/不稳定)；但在描述心理异常的人时，我们则需要借助精神质维度。

在前述三个人格维度上，外倾性的个体展现出外向、开朗的特质，常常冲动且难以抑制，他们拥有广泛的社交圈，并积极参与集体活动。这类人朋友众多，渴望交流，相对不太喜欢独自阅读和学习。相反，内倾性的人则表现出沉静、内敛的特质，他们更偏爱书籍而非社交，性格偏于保守，除少数亲密的朋友外，往往给人一种难以接近的感觉。他们倾向于规律的生活，对充满不确定性和冒险的生活不太感兴趣。

神经质得分高的人情绪变化明显，反应过敏，容易有过于强烈的情绪反应。他们在经历情感波动后，难以迅速回归正常状态，相较于一般人，他们更容易激动、发怒和沮丧。需要注意的是，这里的神经质并非指有精神疾病的倾向，而是反映了一种偏强、固执、强硬甚至有时显得冷漠的性格特点。高神经质者通常被看成是"有攻击性的、冷酷的、冲动的、以自我为中心的、缺乏同情心的，且通常不关心别人的权利和福利"。他们情绪易变，并且经常抱怨说很苦恼、很焦虑，身体也常感不适（如头痛、胃痛、头昏等）。低神经质者则表现为温柔、善感等。

【心理百科】四种气质类型

气质(temperament)是一个人生来就有的心理活动的动力特征，类似于我们平常所说的"秉性""脾气"。例如，有人暴躁易怒，有人温柔和顺等。人格，是一个人区别于他人的稳定的、独特的整体特点，是稳定的行为方式和发生在个体身上的人际过程。气质是人格发展的先天基础，构成人格中的先天倾向，它依赖于人的生理素质或生物特点。

胆汁质：胆汁质的人一般是感受性低而耐受性高；能够忍受强烈的刺激，能够持续进行长时间的工作而不觉疲累，精力充沛，表现出外向的行为特征；性格直率热情，情绪高涨，但脾气急躁，情绪波动大，自我控制力稍弱。

多血质：多血质的人的感受性偏低而耐受性较高；性格活泼好动，外向表现明显，言语和行动迅速敏捷，反应速度与注意力转移均迅速；能快速适应外界环境变化，擅长交际，不畏惧陌生环境，易接纳新事物；但兴趣多变，情绪不稳定，注意力易分散。

黏液质：黏液质的人感受性同样偏低而耐受性高；反应速度较慢，情绪虽不高涨但稳定；举止平和，性格偏内向；头脑清晰，做事有条不紊，踏实稳重，但有时过于遵循常规；稳定性强，注意力易集中；不善于言谈，交际适度。

抑郁质：抑郁质的人感受性偏高而耐受性偏低；多疑多虑，内心体验深刻，行为极为内向；敏感且机智，能注意到别人忽略的细节；性格胆小、孤僻，少欢多愁，喜独处，不善交际，情绪兴奋性较弱；动作稍显迟缓，做事细心认真，防御反应明显。

【自我测试】你知道自己属于哪种气质类型吗？

3. 用因素来描述

研究者们在人格描述模式上形成了比较一致的认识，并提出了人格的大五模型。研究者发现大约有五种特质可以涵盖人格描述的所有方面，即开放性(openness)、自觉性(conscientiousness)、外倾性(extraversion)、宜人性(agreeableness)和神经质(neuroticism)。大五人格(OCEAN)，也被称为人格的海洋(详见第五章第二节"测量人格")。

四、评价自我

在心理学领域，自我评价是一个重要的概念，它指的是个体对自身条件、素养、能力等多个维度的综合评判。自我评价的精准性对于个人发展路径的抉择和生活满足感具有深远的影响。一般而言，正确地进行自我评价主要有两种方式：一种是直接的自我评价，一种是间接的自我评价。

1. 直接的自我评价

直接的自我评价首先需要我们深入了解自身的自然条件，这涵盖了健康状况、心理状态、情感特征、兴趣指向、智力状况以及能力特性等多个维度。此外，我们还需评估自己的文字表达能力、实际操作能力以及心理抗压能力等方面的条件。其次我们需将自己在不同领域取得的成绩进行对比，从而发掘自身的优势，并据此设定明确的奋斗目标。以美国华尔街的传奇投资者沃伦·巴菲特为例，他起初怀揣着成为音乐家的梦想，甚至在大学时选择了音乐专业。然而，通过自我评价与实践的对比，他很快意识到自己的长处并不在于此，于是毅然决定转向股票投资领域的学习。

2. 间接的自我评价

间接的自我评价是一种通过对比他人行为和情境，来纠正自我认知偏差的方法。正如俗语所云，"当局者迷，旁观者清"，我们可以将自己在不同领域取得的成果与他人的对应成果进行对比，来鉴别自我认识的准确性。在自我评价的问题上，多数人展现出两重性的倾向。一方面，有些人倾向于过度理想化，将个人的境遇、发展和未来描绘得五彩斑斓；另一方面，有些人却常常低估自己的才智和能力，自我评价往往过于谦逊，甚至带有自卑的倾向。有的人或许对音律并不敏感，却拥有出色的组织能力；有的人可能对数字并不擅长，却手巧心灵；还有的人或许并不精通琴棋书画，却对自然充满热爱，擅长园艺。诸如此类，不胜枚举。因此，正确的自我评价，是我们确定正确事业发展方向的前提。

【心理百科】其实你没有自己想象的那么重要

某一天，你换了一个新发型，改变了以往的穿衣风格，穿了一件以前从来没穿过的蓝色裙子，当你走出家门以后，无论是在上学途中还是在进入学校的大门后，你都会感觉所有的人都在看着你自己，都在对自己的外貌和穿着品头论足。这种现象便是心理学中所说的"焦点效应"。

"焦点效应"，也叫作社会焦点效应，指的是人们常常高估周围人对自己外表和行为的关注度。也就是说，人们通常倾向于以自我为中心，并且往往本能地将他人对我们的关注度估计得超出其实际水平。

心理学家吉洛维奇曾经用实验验证过焦点效应。在实验中，他让一名被试穿了一件画有戏剧演员头像的 T 恤，然后以等候参加实验为借口，让这名被试坐在其他另外五位穿着普通衣服的学生中间。随后，实验者让被试做出判断，让他们估计一下那五位学生有几名注意到了他的 T 恤。被试回答说大概会有 50% 以上的人。然而，事实上，当实验者向那五位学生提问时，只有 10%～20% 的学生回答说注意到了被试的穿着。

焦点效应常常会导致人们过度关注自我，过分在意自己在公众场合的表现，为一些自作多情的小尴尬而懊悔郁闷。比如，你可能会为参加同学聚会时不慎把饮料撒在身上而懊恼不已；你可能会因为在一个 party 上摔了一跤而感到万分尴尬；你也可能会因为在员工会议上回答不出老板的问题而悔恨不已。其实，这种负面的心理不过是庸人自扰罢了，因为事实上很多人都没有留意到你所认为的窘态。

很多时候，我们过于关注自身的言行举止，并基于此误以为他人同样会如此细致地关注我们。其实，这不过是"焦点效应"在作怪罢了。总觉得自己是人们视线的焦点，自己的一举一动都受着监控，只会让人产生焦虑，甚至还可能产生社交恐惧。社交恐惧者总是"感到"在人群中大家都在关注自己，不自觉地高估自己的社交失误和在公众心里的明显度。比如，一个人不小心触动了图书馆的警铃，或者自己是宴会上唯一一个没有为主人准备礼物的客人。但是研究发现，个体所经历的尴尬别人不太可能会注意到，即便是当时注意到了，也可能很快就会忘掉。

如果你不是演艺明星，或者某个位高权重的人物，通常来说其实你没有自己想象的那么重要。在人群中，你所受到的关注也没有你想象的那么多。因此，你根本没有必要为自己在公共场合的不适当之举而耿耿于怀，或者因为害怕他人评价而不敢尝试某件事情，因为不论你的表现是好还是坏，他人遗忘的速度总是快于你的想象，甚至转身之后，他们便不再记得你曾经做过什么。

第二节　自我的发展

"镜像自我识别"任务(又称红点实验)被认为是自我意识最初发展的里程碑事件。所谓镜像自我识别，就是在一个婴儿睡着的时候在他的额头上点一个红色的小点，随后在孩子醒后将他置于镜子前面。人类婴儿只有在一定年龄(两岁左右)之后才能够意识到为了让这个斑点消失，他需要做的是擦自己的额头而不是镜子中人像的额头。

根据弗洛伊德的理论，"我"由本我、自我和超我三部分构成，人刚出生的时候只有本我存在，在生命的头两年里，随着儿童与环境的互动，才慢慢发展出了自我。在这一理论中，自我出现的时间和人类婴儿通过镜像自我识别任务的时间不谋而合。

在自我意识产生之后，自我的发展是我们所共同关心的问题。到底是什么影响了自我的发展？

一、行为主义的观点

在探讨个体心理发展的影响因素时，历来存在着两种截然不同的观点。一种观点着重强调内在先天因素对个体心理发展的关键作用。举例来说，传统的结构主义流派就尤为重视遗传在个体成长过程中的决定性影响。另一种观点则认为，后天的环境因素对个体发展起着决定性作用。行为主义的创始人约翰·华生(John Broadus Watson)是这一主张最著名的代表人物。

华生是行为主义心理学的创始人。1915年他当选为美国心理学会主席。他曾说："如果给我一打健康的婴儿，我保证能够按照我的意愿把他们培养成任何一类人，无论是医生、律师、商人或领导者，甚至于训练成乞丐和盗贼。"从上述言论可见，华生强调环境对个体行为的决定性作用。他认为，人的行为是在特定的环境条件下习得的，而不是由内在的思维过程或遗传决定的。这一观点被称为"环境决定论"。

1920年10月，在印度的米德纳波尔地区的一个狼洞中意外地发现了两个"狼孩"。尽管他们的外貌与人类无异，但其行为模式却与狼十分相似，白天休眠，夜晚活跃，常发出嚎叫之声，以四肢爬行，直接用手抓取食物。这两个狼孩被救出后，经过医学检查，发现尽管他们存在营养不良的情况，但生理系统一切正常。随后，研究者将他们置于正常的人类环境中，教导他们识字、学习基本的行为方式和生活技能。然而，命运多舛，其中一个狼孩不幸夭折，另一个在四年后，大约七八岁的年纪，才勉强能够开口说话，其智力水平仅相当于普通婴儿。

狼孩的故事常被用来支持行为主义的观点，但深入探究后，我们发现个体心理发展的影响因素错综复杂，既有内在的、先天的因素，也有外在的、后天的因素。我们确实应该承认遗传素质在个体发展中的基石作用，但同样不能忽视后天环境和教育对个体心理发展的深远影响。

【经典实验】"小阿尔伯特"实验

华生的"小阿尔伯特"实验是心理学领域中的经典研究之一，它于1920年代早期进行。这个实验旨在探讨条件反射和情绪习得的过程。

实验的主要研究对象是一个9个月大的男性婴儿，名叫阿尔伯特·巴德。实验的目标是观察在特定条件下，婴儿是否会对某种原本不引起害怕的刺激产生恐惧反应，并且探究这种恐惧是如何习得的。

首先，研究人员对小阿尔伯特进行了一系列测试，以建立他的情感和行为的基线。在这些测试中，研究人员会观察小阿尔伯特在面对不同刺激时的反应，包括白色大鼠、白色小老鼠、棉花、火等。

他们接下来探究的是，可否通过在视觉呈现的同时击打钢棒来让小阿尔伯特对动物，例如白兔，形成恐惧的条件反射，以及这种由条件反射建立的恐惧能否被转移到其他的动物身上。

建立情感条件反射的过程如下：

1. 实验人员将白兔从篮子里拿出来后，立即呈现给小阿尔伯特。他开始用左手触碰白兔。就在手碰到动物的那一刻，钢棒立刻在他脑后敲响。婴儿猛地跳起来，向前摔倒，脸埋进了床垫里，但他没有哭。

2. 在小阿尔伯特的右手碰到白兔的一刻，钢棒再次敲响。他再次跳起来，向前倒下，并开始呜咽。

实验人员重复了三次，即把白兔拿给小阿尔伯特并敲击钢棒。这时，小阿尔伯特只要看到白兔就会开始呜咽。然后他们又用白兔和噪声对小阿尔伯特进行了两次刺激，最后，"只要白兔一出现，婴儿就开始哭。他几乎立刻就……开始爬得飞快，以至于在他爬到桌子边缘时我们差点没能拉住他"。这样一来，对噪声的自然反应变成了对白兔的条件反射。

几天后，小阿尔伯特仍然害怕白兔，但他在其他情况下看起来是愉悦的，脸上也有笑容。然而，当实验人员用白鼠、狗等毛茸茸的动物靠近他时，他会尽可能躲得远远的，同时他的泪水夺眶而出。可见，经过多次的条件刺激，即使没有声音刺激，小阿尔伯特也对白兔感到害怕，这表明他已经习得了对白兔的恐惧反应。并且这种恐惧反应还泛化到了其他类似的毛茸茸的小动物身上。

这一实验的主要结果是证明了情绪的习得过程。实验表明，在适当的条件下，婴儿可以对原本不具备情感反应的刺激产生恐惧反应。这支持了条件反射理论，即情感和行为可以通过环境刺激的关联而习得。

然而，这个实验引发了伦理方面的关注，因为它涉及对婴儿的情感操控，而没有经过充分的知情同意。今天，类似的实验需要经过严格的伦理审查，以确保研究对象的权益和福祉得到保护。

二、认知发展理论

让·皮亚杰(Jean Piaget)是近代最有名的儿童心理学家，他通过观察自己的孩子努力解决各种问题的方式而形成了认知发展理论。在这些观察的基础上，皮亚杰认为人类的认知发展需要经历一系列的阶段，每个阶段都有独特的理解世界的方式。这种理解在同一阶段内变化很小，但在不同阶段之间差别较大，从一个阶段到另一个阶段的变化会带来生理与认知上的成熟。

(1) 感知运动阶段(sensorimotor stage)。皮亚杰指出，知识的根源在于动作，动作不仅是感知的起点，更是思维的基石。对于0~2岁的儿童而言，他们的认知发展主要处于感知运动阶段。在这一阶段，儿童依赖感觉和动作来探索和理解周围的世界。随着成长，他们逐渐能够区分自我与物体，意识到自己的行为对周围环境产生的影响，进而形成"客体永久性"的概念。这意味着，即使某人或某物不在儿童的视线范围内，他们也能够理解这些人和物仍然存在。

(2) 前运算阶段(pre-operational stage)。这一阶段即2~7岁的儿童时期，是儿童开始学习和运用符号表征事物的关键阶段。在这一阶段，儿童逐渐建立起代表性的系统，比如使用特定的词汇来代表特定的人、地点或事件。然而，这一时期的儿童思维尚不成熟，往往表现出自我中心性或缺乏守恒性的特征。

(3) 具体运算阶段(concrete stage)。儿童在7~12岁左右逐渐进入具体运算阶段。在这一阶段，儿童开始掌握守恒的概念，能够进行符号逻辑思考，并形成一系列行为心理表象。

例如，8 岁左右的儿童在多次访问其他小朋友家后，能够绘制出详细的路线图，这是五六岁儿童所无法做到的。此外，具体运算阶段的儿童开始逐渐摆脱以自我为中心的倾向，他们能够更加全面地看待事物，理解他人的观点，从而提高与他人的交往能力。

(4) 形式运算阶段(formal operational stage)。到了 11、12 岁以后，儿童就进入了形式运算阶段。在这一阶段，儿童的抽象思维得到了显著的发展和完善，他们的思维不再局限于具体事物，而是能够运用抽象概念提出合理的假设并进行验证。他们开始认识到事物发展的多种可能性，思维变得更加灵活和复杂。

【经典实验】孩子，你在想什么？

皮亚杰推测，小孩子是以自我为中心来看待世界的，这意味着他们无法从别人的角度想象事物的样子。他用一个精妙的实验展现了这一点，这个实验被称为"三山实验"。

他把三座不同的山的三维模型展示给儿童，其中一座山上有一个十字架，另一座山上有一棵树，还有一座山的山顶覆盖着白雪。同时，有一只泰迪熊或一个娃娃坐在桌子的另一头。然后，他将一系列照片给孩子们看，并问他们哪一张照片是从娃娃的角度看到的。他们不约而同地选择了从他们自己的角度拍摄的那张照片，而不是娃娃的。

皮亚杰写道："孩子们还不能想象出娃娃从不同角度看到的不一样的场景，孩子们总是认为自己的观点是绝对完全的，从而推己及人，毫不犹疑地认为这也是娃娃看到的。"

这个实验一直受到批评，理由在于儿童或许没能理解实验中所提出的问题，以及类似的但设置较为简单的研究取得了不同的结果。例如，1975 年英国的发展心理学家马丁·休斯给儿童呈现了两面相交的墙的模型，还有两个"警察娃娃"和一个"婴儿娃娃"。他要求孩子们把婴儿藏在两个警察看不到的地方。参加实验的孩子们年龄从 3 岁 6 个月到 5 岁不等，其中 90%的儿童给出了正确的答案，这证明他们其实能够理解两个警察的视角。

皮亚杰的工作成果极大地影响了发展心理学和教育学这两个领域，他的理论和实验因此得到了密切的关注和频繁的质疑，他的发展阶段理论也曾得到诸多修改。

三、社会性发展理论

心理分析模型是理解自我的一种重要的方法。在意识到社会交往和认知发展的重要性的同时，这类模型强调情感因素，从而为自我发展提供了动力学解释。这类理论的数量很多，其中最有影响力的理论是爱利克·埃里克森(Erik Erikson)的心理社会性发展模型。

埃里克森假定人生的特定阶段会产生特定的需求，如果这些需求被满足了，那么个体就会顺利发展到下一阶段；如果这些需求未被满足，那么个体的发展就会停滞或倒退。埃里克森认为，人的整个发展包括八个阶段，每个阶段的需求都与人们如何看待和感觉他们自己有关(各发展阶段及其主要特征如表 7.1 所示)。

表 7.1   埃里克森的心理社会性发展八阶段模型

生命阶段	心理社会冲突	特　征
第一年	信任对不信任	当婴儿受到温暖、持续的照顾时，他就能建立起信任感；缺乏照料或照料不够则产生不信任感
1～3岁	自主性对羞怯和怀疑	当儿童探索自我和环境时，自主性得以发展；当儿童的探索受到抑制时，羞怯感和怀疑产生
3～5岁	自发性对内疚感	当儿童进行各种各样的尝试时，他们的自发性就得到促进；如果父母嘲笑孩子或过度批评他们，就会使他们产生内疚感
6～12岁	奋进对自卑	当儿童受到表扬时，他们就会获得奋进感；当他们所做的努力被认为是不充分的或差劲的时，就会让他们产生自卑感
青春期	同一性对角色混乱	处于这个阶段的个体要面临的一个关键问题是"我是谁？"，拥有可靠和整合的特性的个体被认为是达到同一性的；无法建立稳定和统一特性的个体将会面临角色混乱
成年早期	亲密对孤独	埃里克森认为处于这个时期的个体所面临的关键问题是建立一种承诺和亲密的人际关系。在这个过程中出现失败将导致孤独
成年中期	生产对停滞	个体是社会中能够进行生产的成员，为社会作出贡献，为未来制造人口。这可以通过工作、自愿努力和抚养孩子来实现。与之相反的是停滞，它的特征是个体过度关心自己的幸福或认为生活是无意义的
成年晚期	完整对绝望	完整是指当个体回过头看自己所经历的生活时会有满足感，这使他们能够有尊严地面对死亡；如果遗憾成为主导，那么个体会感到绝望

第三节　如何提升自己

英国最古老的建筑物威斯敏斯特教堂旁边矗立着一块墓碑，上面刻着一段非常著名的话："当我年轻的时候，我梦想改变这个世界；当我成熟以后，我发现我不能够改变这个世界，我将目光缩短了些，决定只改变我的国家；当我进入暮年以后，我发现我不能够改变我们的国家，我的最后愿望仅仅是改变一下我的家庭。但是，这也不可能。当我现在躺在床上，行将就木时，我突然意识到：如果一开始我仅仅去改变我自己，然后，我可能改变我的家庭；在家人的帮助和鼓励下，我可能为国家做一些事情；然后，谁知道呢？我甚至可能改变这个世界。"自我完善，也就是从自我出发进行提升，是自我意识完善的重要组成部分，也是人一生中都需要持续进行的功课。

一、自我认同

自我认同(self-identity)又被翻译为自我同一性，研究这一课题的重要代表人物是心理学家埃里克森。所谓自我认同，指的是人格发展的连续性、成熟性和统合感，它形成于青年时期，标志着儿童期的结束和成年期的开始。自我同一性涉及个体对自身身份、社会地位、未来目标及如何达成这些目标的内在感受。尤其在青年期，个体的意识逐渐分化，形成理想自我与现实自我两个层面。这两者之间的和谐统一，便构成了自我同一性的核心。自我同一性的形成并非单向过程，而是双向互动的结果。一方面，个体致力于调整现实自我，使之逐渐接近理想自我的状态；另一方面，个体也在不断地审视和修正理想自我，确保其更加贴近现实自我的实际状况。

1. 自我认同的水平

马西亚的研究深化了埃里克森关于自我同一性的理论，他进一步提出了青少年同一性发展的四种不同状态。这些状态包括同一性拒斥(identity foreclosure)、同一性分散(identity diffusion)、延期偿付(moratorium)和同一性达成(identity achievement)。

(1) 同一性拒斥。

同一性拒斥反映了青少年过早地固化了自我意象，缺乏对多种选择的探索，从而终止了对自我同一性的追求。这种状态下，个体的目标、价值和信仰往往反映出父母或其他权威人物的期望，因此也常被称作"权威接纳状态"。同一性拒斥的青少年具备一系列特点：他们热切寻求外界认可，对权威持有较高的尊重；他们的自我评价常基于他人的认同；相比其他同龄人，他们更可能迎合他人，缺乏自主意识；他们对传统价值观抱有浓厚兴趣，但较少独立思考，缺乏反思；尽管他们焦虑感较低，却表现出刻板和肤浅的特质；在人际交往中，他们无论是与同性还是异性关系都较为疏离；虽然智商与其他人无异，但在面对紧张或复杂的认知任务时，他们往往难以做出灵活而恰当的应对；他们倾向于喜欢有序和规律的生活方式；在与父母的关系上，他们通常与父母保持紧密的联系，特别是在父子关系中；他们更可能采纳父母的价值观，例如在高考志愿、职业选择和异性交往等方面听从其父母。

(2) 同一性分散。

同一性分散是指个体在相当长的一段时间内未能形成明确且强烈的自我认同感。这些个体常常在自我探索中迷失方向，陷入一种散漫和无依托的状态，对于未来的目标和方向感到迷茫。他们可能无法有效地做出选择，甚至倾向于逃避深入的思考。此类个体通常兴趣匮乏，内心孤独，对未来缺乏信心，有时可能表现出叛逆的行为。他们更倾向于沉浸在个人世界中，如听音乐或睡觉，而不愿与父母和老师交流。有时，他们可能会选择与家人和国家保持距离，表现出一种长期的、不健康的自我认同状态。在责任感和承诺方面，他们往往难以保持忠诚，难以履行自己的义务和承诺。同时，他们的自我评价偏低，自尊心较弱，难以承担起社会责任。在人际交往中，他们可能表现出冲动、思维混乱的特点，与他人的关系通常较为肤浅和混乱。尽管他们可能对自己的父母的生活方式不满，但却缺乏按自己的方式有序生活的能力。

(3) 延期偿付。

埃里克森采用"延期偿付"这一术语，来描绘个体在面对多种选择时所经历的内心斗争。这一概念揭示了个体在决定个人生活或职业方向时，倾向于推迟做出明确的选择和承诺。埃里克森认为，在一个复杂社会里，处于"延期偿付"这一阶段时，个体势必会经历自我同一性危机。然而，如今我们对这一阶段的认知已有所转变，不再将其视为危机。对于大多数人而言，自我同一性的实现是一个渐进的、持续不断的探索过程，而非外在环境的急剧变化所能轻易影响的。

(4) 同一性达成。

同一性达成意味着个体在深思熟虑后，从众多选项中作出选择并付诸实践。在高中毕业之前，鲜有人能达到这一状态。即便是进入大学，个体仍需花费一定时间来做出决定。对于部分成年人而言，他们或许会在生命的某个阶段实现稳固的自我同一性。然而，这并不意味着同一性就此固定不变，个体在后续生命阶段仍可能放弃原有的同一性，进而形成新的认同。自我同一性的达成，对于个体而言，并非永恒不变的状态。

延期偿付与同一性达成均被视为健康的心理发展状态。个体通过亲身尝试，摒弃不适合自己的元素，发现适合自己的生活方式，是构建稳固自我同一性的关键所在。相反，那些无法跨越同一性拒斥和同一性分散的个体，往往难以适应社会。同一性分散的个体倾向于放弃努力，将生活归咎于命运；而同一性拒斥的个体则显得刻板、独断、缺乏宽容，并表现出强烈的自我防御性。

高度自我认同的个体认为自己是独立的，会为自己决定许多生活细节；他们能够承担责任，无论是在工作单位还是家庭中都会主动担负一些工作，甚至安慰他人；他们乐于接受各类挑战，并积极面对；他们能够承受压力，接受失败和感受胜利等。自我认同程度较低的人则表现出对自己的能力不够信任，不够自信，常说"我做不到"；他们逃避任何可能产生焦虑的情况，比如逃避面对有压力的事或不确定的工作；他们拥有强大的自我防御机制，难以接受批评或失败，不能面对问题；他们喜欢通过责备他人来隐藏自己的缺点。

【自我测试】自我认同感测试

2. 自尊

自尊是一个日常用语。从直觉上讲，每个人都知道自尊是什么，然而心理学界对自尊还缺乏普遍认同的定义。很多情况下，自尊这个概念被用来描述个性方面的变量，即人们通常是如何看待自己的，而有时候自尊这一术语也指个体评价自己的能力和特性的方式，当然自尊有时候也被用来指更瞬间的情绪状态，特别是那些由好的或差的结果所引发的情绪。研究表明，自我认同和自尊之间呈显著的正相关，即自我认同程度越高的个体自尊水平也越高。高自尊的人比低自尊的人认为自己具有更多的积极品质。

自尊的测量通常通过自我报告量表来完成，这些量表被设计用来评估个体对自己的一系列特质、能力、成就和整体价值的看法。

【自我测试】自尊量表

二、自我效能感

自我效能感是指人们对自己能否成功地完成某一成就的行为能力的主观判断和推测。自我效能感与结果期望是两个不同的概念。结果期望是个体对自己行为后果的预见，而自我效能感则更侧重于个体对自己行为的掌控与主导能力。当一个人深信自己能够妥善处理各种事务时，他在生活中会展现出更加积极和主动的态度。这种"我能行"的认知体现了个体对环境的掌控感，因此，自我效能感实际上是个体在面对环境挑战时，相信自己能够采取恰当行动的信念。换言之，自我效能感评估的是个体以自信的眼光来应对生活中各种压力的能力。

基于班杜拉的理论，个体的自我效能感在感知、思考和行动上均表现出显著差异。在感知层面，自我效能感与抑郁、焦虑和无助感等情绪状态紧密相关。在思维领域，自我效能感能够显著影响个体的认知过程和成果，包括其决策质量和个人成就等。自我效能感可以加强或削弱个体的动机水平。自我效能感高的人倾向于选择更具挑战性的任务，他们为自己设定更高的目标并坚持不懈。例如，当开始行动时，这类人通常会投入更多的努力，保持更长的持续性，并在遭遇挫折时迅速恢复。自我效能感的应用范围十分广泛，不仅在学校学习、情绪障碍治疗、心理和生理健康治疗等领域有所体现，还在职业选择中发挥着重要作用。因此，自我效能感已成为临床心理学、人格心理学、教育心理学、社会心理学和健康心理学的主要研究课题。

【心理自测】一般自我效能感量表

三、培养和提高自信

1. 自我实现预言

自我实现预言也叫自证预言(self-fulfilling prophecy)，其核心假设在于我们对他人的态度和行为能显著影响他们的行为模式，进而塑造他们对自己的认知。具体而言，个体对他人的预期不仅决定了他们如何与之互动，而且这种互动方式又会促使对方的行为与最初的预期相吻合，最终使这一预期成为现实。我们常说的皮格马利翁效应就是自我实现预言的一个典型例子。

通过积极正面的语言进行自我暗示，我们能够显著促进自身的心理健康和情绪稳定。相反，消极的心理暗示则可能扰乱或破坏正常的心理和生理状态。例如，表达"我必定能够成功"而非"我不可能遭遇失败"，或者"学习对我来说轻而易举"而非"学习并非难事"，前者在心智深处播下成功的种子，潜意识会引导我们迈向成功；而后者则埋下失败的隐患，使大脑的潜意识倾向于为我们预设"失败"的障碍。

信念产生感受。如果你对自己的生命抱有负面的信念，例如"我真没用""我不喜欢自己""我要乖才有人疼""我要成绩好才会有价值"等，便会对自己接纳不足，生活得没精打采。相反，当你认定生命是美好的，自己是独特的和有尊严的，不论成功或失败，无损生命的尊严及价值，那么你的心灵也会更有力，生活得更自在。

2. 如何增强自信心

人生难免遭遇低谷，当学习、工作或生活上的挫折来袭时，如何重塑自信就成为关键。以下是英国心理学家总结的 10 条关于增强自信的建议：

(1) 每天照三遍镜子。早晨起床前，审视镜中的自己，调整仪容仪表至最佳状态。午餐后，再次通过镜子确保自己的整洁。夜晚入睡前，洗脸时再次面对镜子，以消除对仪表的顾虑，使你能更专注于生活与工作的各个方面。

(2) 不要总想着自己的身体缺陷。每个人都有不足之处，完美并不存在。不必过分关注自己的缺陷，因为他人往往并不如你想象的那样在意。减少对缺陷的过分关注，自我感受会更为良好。

(3) 你感觉明显的事情，其他人不一定注意得到。在公众场合发言时，你可能感到紧张甚至面红耳赤，但听众可能只是注意到你的两颊微红，而不会深究。实际上，你的不自在并没有那么容易被他人觉察。

(4) 不要过多地指责别人。长期的责备心态易形成习惯。这种倾向于批评他人的行为，实则是内心缺乏自信的体现。

(5) 多数人喜欢的是听众。因此，在他人发言时，避免急于用机智的插话来博取好感，而是应该认真倾听，这样他们自然会对你产生好感。

(6) 为人坦诚，不要不懂装懂。坦然承认自己的不足，不仅无损形象，反而能展现你的诚实与可靠。同时，对他人的成就和魅力表示赞赏和钦佩，是展现你尊重他人的方式。

(7) 在自己的身边找一个共渡难关、荣辱与共的朋友，这样在人生的各个阶段你都能感受到陪伴与力量。

(8) 不要试图用酒来壮胆提神。对于害羞或内向的人，酒精并非解决问题的良方。相反，保持自然大方的态度，即使滴酒不沾，也能赢得他人的喜爱。

(9) 拘谨可能使某些人对你含有敌意。若有人对你冷淡，保持沉默可能是最佳应对方式，因为对于怀有敌意的人，不讲话是唯一的明智之举。

(10) 务必避免使自己处于不利的环境之中。一旦陷入这种境地，虽然人们可能会同情你，但同时也会因感到自身地位高于你而产生轻视之心。因此，避免陷于不利环境，是维护自身尊严的重要步骤。

【心理百科】头脑清醒——如何不看轻自己？

认知行为疗法(Cognitive Behavioral Therapy，CBT)是一种广泛应用于治疗焦虑障碍的心理治疗方法。该方法认为是我们的大脑思维模式让我们陷入了压力和担忧的恶性循环。这种理论提出，我们首先会有一个负面的念头，这个念头会引发不愉快的情绪，随后这些情绪又会对我们的行为和思维方式产生影响。因此，根据认知行为疗法的观点，解决问题的关键在于从根本上处理这些问题，在它们对我们的状况造成进一步损害之前就加以解决。

认知行为疗法指出破除消极陷阱的方法就是找到其内在的"认知歪曲"。因此有必要对常见的认知歪曲进行说明(如表 7.3 所示)。

表 7.3 常见的十种认知歪曲现象及说明、示例

认知歪曲	说明	示例
非好即坏的想法	认为事情非黑即白：如果你不完美，那么就是一个彻底的失败者	我鼻子这么大，没有人会认为我很吸引人
以偏概全	从有限的或不充分的信息中得出广泛性的结论	他忘了给我打电话了——我就知道他不在乎我
心理滤除	剔除好事，只将坏事记在心中	我报税时她在做饭，如果她爱我的话，当时应该帮我填报税表
贬损积极的东西	贬低自己的优点或积极的经历	他说过我的眼睛很可爱，但只有你长相平平时人们才会说你眼睛好看
着急下结论	"揣摩他人的想法"(比如认为别人都觉得你不好)和"先知先觉"(比如预测灾难并且肯定其会发生)	我约会迟到了——她一定会觉得蠢人才会错过火车。我知道，她会把我甩了的
放大与缩小	夸大不好的事情，贬低好事的重要程度	真难以相信，他居然忘了带要借给我的那本书。他永远不会恪守对我的承诺！
用情绪来推断	因为你觉得不好，就得出结论：事情会变得糟糕	我感觉自己这么没吸引力，不会有人想要我
习惯用"应该"陈述	用不必要的规则来苛责自己或他人	如果这段感情确实有效的话，我们现在应该正在共同规划一个假期
贴标签与错贴标签	给自己和他人贴上沉重的标签	我已经好久没约会了——我就是个不懂约会的人
归算到自己头上	认为一件负面的事情可能是因自身某种原因引起的	他把约会推到明天了——可能是我表现得太心急了

当你注意到自己的思维开始偏向消极时,可以尝试以下练习来改善:

确定是什么让你感到困扰:困扰我的是什么样的想法或观点?

评估你对这些想法的相信程度,你认为它们有多大的真实性,给出一个从0%到100%的信任度评分:我对此有多强的信念(认为其可信度是百分之多少)?

检查这些想法中是否存在认知偏差,也就是思维上的扭曲或错误:其中有无认知歪曲?

探索是否有其他更积极的角度来理解和解释这些想法:对于此事有无其他更为积极的解读?

重新评估你对这些想法的相信程度,并调整信任度评分(这个评分可能会有所下降):现在我认为其可信度是百分之多少?

请记住,你的目标不是要将信任度评分降至零,而是逐渐地、一点一滴地减少这个百分比。随着时间的推移,你将能够建立起更加积极乐观的思考模式。

【经典老歌】我真的很不错

没有时间在无谓地承诺叹息

让太阳晒一晒充满希望的背脊

迎着世界的风

我要无畏地挺立

对于必须做的事

我一点都不怀疑

要做就做最好的

不要明天才说真的可惜

我知道我能做到的

就是不停不停不停不停不停不停地努力

我真的不错

我真的很不错

我的朋友

我想骄傲地告诉你

我真的不错

我真的很不错

我的朋友

我想骄傲地告诉你

我真的很不错

我真的很不错

我是真的真的真的真的真的很不错

我真的很不错

我真的很不错

我是真的真的真的真的真的很不错

(作词:娃娃;作曲:伍思凯;演唱:伍思凯)

【佳片有约】少年派的奇幻漂流(Life of Pi(2012))

　　少年派的父亲经营着一家动物园，这使得派在成长过程中对信仰和人性形成了独特的见解。在他17岁那年，为了寻求更优质的生活，他的父母决定移民加拿大，这也迫使他与初恋情人分别。在驶向加拿大的航程中，他们不幸遭遇了一位性格残暴的法国厨师。当天深夜在茫茫大海中，原本对派而言充满刺激的暴风雨，突然演变成了一场毁灭性的灾难，无情地吞噬了货船。然而，派却奇迹般地幸存了下来，独自乘坐救生船在太平洋上漂泊。与他为伴的，竟是一只名叫理查德·帕克的孟加拉老虎，这无疑是他最意想不到的同伴。就这样，一段充满神奇与冒险的旅程意外地拉开了序幕……

　　在面临极端困境时，少年派需要克服饥饿、孤独和绝望，努力生存下去。这个过程强化了他的意志力和决心，教会了他如何应对逆境。这个经历表明，人们在生活中的困难时刻可以找到内在的力量和希望，从而促进自我成长。

第八章 幸福心理学

【案例导读】 幸福是一种态度

　　幸福不幸福，不是看拥有的金钱的多少，更多的是一种感觉，一种你认为幸福你就幸福的感觉。其实幸福更像是人类的一种期望，每一个人都渴望拥有幸福，但很多人却永远也得不到幸福，是他(她)真的不曾拥有吗？错。上帝对每一个存在的事物都是公平的，只是我们缺少一双发现幸福的眼睛罢了。幸福对我们而言既唾手可得，又遥不可及。如果你是一个乐观的人，那么幸福随时都会围绕在你身边。

　　早晨，在黎明的曙光中，你睁开眼，迎接那绚烂的朝阳，同时感受到清新的空气轻拂鼻尖。这一刻，你感受到早晨的美好，那么你是幸福的。在职场中，你以卓越的表现完成任务，获得上司的赞誉和同事的尊重，你是幸福的。结束一天的工作，回到家中，看到桌上摆放着香气四溢的佳肴和孩子那份令人骄傲的成绩单，那么你是幸福的。晚餐后，与爱人携手，带着孩子漫步在公园中，享受这份天伦之乐，那么你是幸福的。生活中的幸福其实无处不在，只要我们用心去观察、去体验，就能发现生活中蕴含的无限乐趣。或许你会质疑，这些看似平常的小事，如何能称之为人们渴望的幸福？然而，幸福并不总是那么奢华耀眼、惊天动地。正如毕淑敏在《提醒幸福》中所言："幸福绝大多数是朴素的，它不会像信号弹似的，在很高的天空闪烁红色的光芒。它披着本色的外衣，亲切温暖地包裹起我们。"

　　对于悲观者而言，幸福往往显得遥不可及。当清晨你被家人唤醒，邀请你一同感受那清新宜人的空气，分享生活的幸福时，你可能会轻描淡写地认为"早晨"不过是日复一日的循环，无须特别珍惜。然而，一旦健康受损，躺在病榻之上，渴望再次享受那清晨的宁静与美好时，却已力不从心，此时你才会意识到，自己曾经错过了一个幸福的机会。同样，在工作中，当你凭借出色的表现赢得他人的赞赏时，你可能会觉得这只是理所当然，甚至认为自己能够更加出色地完成任务。然而，过高的自我期望和不断的追求，往往让你忽略了眼前的成就与幸福。当你因过度自负而最终陷入无所作为的境地时，你才会回首过去，反思自己曾经的愚蠢想法，意识到自己也曾错失了一个感受幸福的机会。

　　当你回首过去，经过三四十年、甚至五十年的岁月洗礼，或许你会惊觉自己曾经走过的道路是那样曲折而又不稳定，仿佛一路上都在无意间践踏了一朵朵幸福的花朵。

　　幸福并非如我们所想象的那样稀缺。人们往往是在幸福悄然离去后，才从地上捡起那几根金色的鬃毛，意识到它曾经来过。幸福是时刻环绕在我们身边的，只要我们用心去感受，就能发现它其实并不遥远。

　　幸福的形态多种多样，它可以是小孩得到心仪已久的洋娃娃时的喜悦，是学生因优秀成绩而受到称赞时的自豪，是白领在工作中一帆风顺时的满足，也是已婚妇女拥有爱她的丈夫和听话的孩子时的温馨。获得幸福的方式繁多，不胜枚举。

　　不同的人对幸福的感知和追求各不相同。那些容易满足的人更容易在生活的点滴中找到幸福的瞬间，而那些怀揣着更大期待的人则可能时常感到自己不够幸福，仿佛幸福从未降临。然而，幸福其实是简单而纯粹的，它就在我们身边，等待我们用心去捕捉。幸福如同蜜糖，甜度适中则最为宜人，只有当我们心中坚信幸福的存在，才能真正体验到它的美好。

　　我们常常听到身边人抱怨命运的不公和生活的平淡，将幸福视为一种遥不可及的奢侈品，如同海市蜃楼一般。然而，当我们读到如苏霍姆林斯基这样的伟大教育家的故事时，我们会意识到幸福其实就在我们身边。他曾在一个春天与学生们共同购买了一条小木船，划向一个荒无人烟的小岛探险。教育家写道："可能有人会想，作者想借这些事例来炫耀自己特别关心孩子。不对，买船是出于我想给孩子们带来快乐，这对于我就是最大的幸福。"幸福其实很简单，只要我们用心去感受和追求，它就在我们触手可及的地方。

　　幸福，往往隐藏于我们日常生活的点滴之中。比如一杯刚沏好的茶，静静地摆放在你眼前的桌面上，它可能平淡如水，也可能香气四溢，或是介于两者之间。而能否领略其中的韵味，关键在于品茗者的心境。那些匆忙一饮而尽的人，往往无法真正体验其中的甘醇与苦涩。只有当我们静下心来，细细品味，那些细微的甜与苦才会在我们的感官中逐渐显现。

　　幸福，并非自动降临，而是需要我们用心去发现，去感知，进而去把握。只有当我们真正发现幸福，才能深刻感受到它的存在；只有当我们深深感受到幸福，才能紧紧握住它不让其流失；而当我们把握住幸福，生活才会变得有滋有味，我们才能真正领略到幸福的真谛。然而，许多人虽然渴望幸福，却往往在幸福中迷失，无法察觉，更无法把握。其实，"把握"幸福，往往等同于"享受"幸福。当我们真正把握住幸福时，自然能够沉浸其中，享受其带来的喜悦与满足。幸福，更像是一种生活的态度，而非一种固定的状态。它可能在我们清洗百叶窗时，随着一曲悠扬的咏叹调而悄然降临；也可能在我们愉快地花上一小时整理壁橱时，不经意间出现在我们的生活中。幸福，往往就在某一刻悄然绽放，而非在遥不可及的"有一天……"中等待。如果我们能够珍惜并热爱我们现在所过的每一天，我们的生活将会充满更多的幸福与快乐。幸福和快乐是一种选择，它一出现就要伸手去取，它就像在蔚蓝天空中飘向海洋的气球一样。

　　我们对幸福的关注并非一时兴起。我国每年都会出炉的"幸福城市排行榜"；很早之前的一首大家耳熟能详的少儿歌曲《幸福在哪里》；再往前追溯，会发现早在周代先秦诸子创作的散文《尚书·洪范》中已经对"什么是幸福"做出了比较系统的论述。接下来，就让我们一同探讨"幸福"这个话题。

【问题思考】

(1) 幸福到底是什么？

(2) 我们对幸福有哪些误解？

(3) 幸福是可以测量的吗？

(4) 我们怎样使自己变得更加幸福？

亚里士多德曾说过："幸福是我们一切行为的终极目标，我们为此所做的所有事情其实都是手段。"英国空想社会主义者欧文也说："人类一切努力的目的在于获得幸福。"显然，追求幸福是每个人的共同愿望，它象征着一种对美好生活的期待。但是，幸福不是一成不变的，正如卢梭在《爱弥尔》中所说："所有一切属于人的东西，都是要衰老的；在人生中，一切都是要完结的，一切都是暂时的。我们将因对它享受惯了，而领略不到它们的趣味了。如果外界的事物一点都不改变，我们的心就会变；不是幸福离开我们，就是我们离开幸福。"可见，幸福并非一成不变的状态。因此，了解幸福尤为重要。在本书的最后一章，我们将系统地介绍心理学有关幸福问题的研究与结论。

第一节　幸福的科学研究

幸福，这个古老而永恒的话题，承载着人类对美好生活的向往与追求。它仿佛是一个多面体，每个面都映射出不同的人生追求和价值理念。对于有些人来说，成功的事业是幸福的一面；而对另一些人而言，美满的爱情或是丰厚的财富可能是他们心中的幸福写照。健康、自由的时间、长久的友谊、高尚的思想等，这些看似迥然不同的元素，其实都可以是构成幸福的片段。

谈到幸福，很多人普遍将其视为一个终点、一个追求的目标。例如，升职加薪、购得房产、驾驶豪华汽车、拥有最新款手机等。人们常常认为，只要实现了这些愿望，幸福便水到渠成。但现实却往往让人感到讽刺，我们越是拼命追求这些物质欲望，幸福似乎就越发遥不可及。诚然，相较于以往的年代，现代社会的进步使得人们的生活水平有了显著的提高，基本生活需求得到满足已不再是难事。我们有充足的食物、舒适的住所、便捷的网络以及丰富的休闲活动。从物质层面上看，我们这一代似乎理应更加幸福。然而，抑郁症和各种心理疾病的案例在现代社会却逐渐增多。由此看来，拥有越多并不意味着人生就越幸福。

在这个不断追求和探索的过程中，我们逐渐认识到，幸福或许不是一个静态的终点，而是一个动态的过程，它体现在生活的点点滴滴之中，需要我们在日常生活中不断发现和体会。因此，无论是事业的成功还是爱情的甜蜜，无论是财富的积累还是健康的保障，无论是时间的自由还是友谊的长久，无论是思想的提升还是精神的富足，都是构成我们幸福生活的不可或缺的部分。

一、什么是幸福

哈佛大学广受欢迎的"人生导师"泰勒·本-沙哈尔(Tal Ben-Shahar)博士在 2002 年打造了一门关于如何获得幸福的课程，这是哈佛大学历史上最受欢迎的一门课程之一。根据资料显示，每年都有数千名学生报读这门课程，这些学生都声称课程改变了他们的生活。沙哈尔教授在其著作《幸福的方法：哈佛最受欢迎的幸福课》中深入浅出地阐述了幸福的真相："人类最大的动力，来自对生命意义的追求。如果想要一个充实而幸福生活，就必须去追求快乐和意义两种价值。"

沙哈尔教授旨在向读者传达一个理念：幸福并非成功的衍生品，而是一种心理状态，是感知快乐的能力。回想起童年时光，那时的我们，或许只需一个小玩具、一本漫画书，或是一整天与朋友们尽情玩耍，就能体会到满满的快乐。然而，随着年龄的增长，我们发现那种幸福感似乎越来越少。这很大程度上是因为，在成长的过程中，我们逐渐接受了社会普遍的价值观，认为只有通过努力工作，牺牲当下的快乐，才能换取未来的幸福。这种观念让我们逐渐丧失了感受当下快乐的能力。沙哈尔教授将人们的生活方式划分为四种类型。

1. 忙碌奔波型

蒂姆曾经是个快乐的孩子，对未来毫无忧虑，每天的生活都充满了新奇与激情。但自上学那日起，他的人生便在忙碌与奔波中悄然度过。他的父母和老师不断向他强调，优异的成绩是通往美好未来的桥梁。然而，他们未曾向他揭示，学校同样是一片寻找快乐的乐土，学习本身亦应是一段愉悦的旅程。在考试的阴影与对错误的担忧下，蒂姆感到焦虑不安，他渴望着下课的铃声与假期的到来，以此逃离学业与分数的枷锁。

随着时间的推移，蒂姆逐渐被成年人的观念所影响，认为成绩是衡量成功的唯一标准。即便他并不热爱学校，却仍坚持努力学习。每当他取得佳绩，父母与老师的赞誉、同学的羡慕便如潮水般涌来。步入高中后，蒂姆深信成功的公式：眼前的快乐需为未来的幸福让路，"没有痛苦，就没有收获"。即便他对学业和校园活动并无多大兴趣，他仍全力以赴，因为荣耀的光环在前方指引着他。当压力如山时，他自我安慰道："只要考上大学，一切都会好起来的。"

收到大学录取通知书的瞬间，蒂姆激动得热泪盈眶，他感到了一种释然和喜悦。然而，这种快乐并未持续太久。没过多久，熟悉的焦虑又重新涌上心头。他担心自己无法在激烈的竞争中胜出。周围的同学都是优秀的学子，如果不能超越他们，未来又怎能找到心仪的工作呢？大学四年的时光里，蒂姆不余遗力地为自己的未来打造了一份精彩的简历：成立了一个新社团，担任另一个社团的主席，做志愿者帮助无家可归的人，参与各类运动……他在课程选择上亦是小心翼翼，并非出于兴趣，而是为了拥有一张漂亮的成绩单。

当然，蒂姆偶尔也会感到快乐，尤其是在完成艰巨任务之后。但这种快乐往往源于一种解脱感，其短暂性使得焦虑情绪迅速回归。

大四的春天，蒂姆收到了一家知名公司的录用通知，他满怀憧憬地期待能够开始享受生活的美好。然而，这份高薪职位带来的压力让他倍感沉重。他试图以微小的牺牲换取职位的稳定与快速的晋升，一如大学时的勤勉与自我安慰。即便有加薪、奖金或晋升带来的短暂喜悦，这些满足感也如同过眼云烟，迅速消散。

经过多年的超负荷工作后，蒂姆被公司邀请成为合伙人，这是他曾经梦寐以求的成就。然而，当这一时刻真正到来时，他却未能感受到预期的幸福。作为大学里的佼佼者，如今身为知名公司的合伙人，拥有豪宅、跑车和丰厚的存款，蒂姆的内心却充满了迷茫和空虚。虽然他已成为他人眼中的成功典范，被朋友们视为榜样，甚至被用来教育下一代，但是他却为那些可能步他后尘的孩子们感到悲哀。他不知道该如何向孩子们传授人生的智慧——是否应该告诉他们不必在学校努力，不必追求名牌大学和高薪工作？成功是否必然伴随着痛苦和牺牲？

为何"忙碌奔波型"的人如此之多？这主要源于我们文化中的一种根深蒂固的观念：成绩优异则得奖励，工作出色则获奖金。我们习惯于将注意力集中在远大的目标上，而忽视了过程中的感受，导致了一生的盲目追求。我们从未因享受过程而得到过认可，而是将达成目标作为衡量一切的唯一标准。社会只赞誉那些成功的人，而忽视了那些正在为成功付出努力的人——只看结果，不问过程。

当我们实现既定目标时，往往会误将内心的放松感视为幸福，似乎经历的困难越大，成功后的这种感受就越强烈。然而，这种错觉常常使我们不自觉地沉迷于这种生活方式。虽然这种解脱确实能带来短暂的快乐，但它并不等同于真正的幸福。

这种表象上的"幸福"其实是一种"幸福的幻觉"，它源自压力和焦虑的暂时消散，因此难以持久。因为这种喜悦是建立在负面情绪的基础上的，一旦负面情绪消失，这种喜悦便会随之消退。就如同头痛缓解后，人们会因为疼痛消失而感到短暂的轻松，但很快就会将健康状态视为常态，而那份病愈的欣喜也随之消散。同样，"忙碌奔波型"的人往往错误地将成功等同于幸福，将目标达成后的放松和释放视为幸福的全部，从而不断追求新的目标，陷入无休止的奔波之中。

2. 享乐主义型

追求瞬间的快乐而回避痛苦是"享乐主义者"的生活态度。他们盲目地追逐欲望的满足，对可能带来的后果视而不见。在他们眼中，生活的丰富意味着不断追求各种欲望的满足。只要眼前的事物能带来快乐，他们就认为值得去做，至于未来如何，则留待找到更具吸引力的乐事再说。在情感关系中，他们热情奔放，但一旦新鲜感消退，他们便急于寻觅新的情感寄托。享乐主义者往往只关注眼前短暂的快乐，以至于有时这种追求会让他们丧失理智。如果吸毒能带来快感，他们便可能尝试；如果工作辛苦，他们便选择逃避。

享乐主义者犯了一个根本性的错误，即错误地将努力等同于痛苦，将快感等同于幸福。有一则寓言故事很能说明这种类型的人。一个冷酷无情的罪犯在被警察击毙后，遇到了天使，天使承诺实现他的一切愿望。起初，他对能进入天堂感到震惊，但随后便欣然接受并开始贪婪地索求——无尽的财富、美食和美女，每一次他的愿望都如愿以偿，他感到前所未有的满足。然而，随着时间的推移，他的快乐逐渐减少，这种不劳而获的生活让他感到空虚和厌倦。于是，他请求天使给予他一些有挑战性的工作，但天使却回答他："在这里，你想要的一切都有，唯独没有工作可做。"在缺乏挑战和目标的环境中，他变得越来越不快乐，最终选择离开这所谓的天堂。他宁愿去地狱，也不愿再待在这里。此时，天使的面目突然变得狰狞，原来这就是魔鬼，魔鬼笑着告诉他："你早已身处地狱。"享乐主义者所追求的天堂，实则是缺乏目标和挑战的地狱，在那里生活失去了真正的意义。如果我们仅仅追求享乐，逃避挑战和问题，那么我们的存在便与动物无异。然而，值得注意的是，每个人的内心深处都或多或少地带有一些享乐主义的倾向，我们将努力与痛苦画上等号，只追求即时的快乐，却忽视了生命真正的价值所在。我们渴望理想中的伊甸园早日降临，却忽略了在追求这一理想的过程中所蕴含的意义。

在一项类似的研究中，心理学家给予了一些大学生报酬，要求他们在这段时间内不进行任何活动。虽然他们的基本需求得到了满足，但他们被禁止进行任何形式的工作。然而，仅仅过了 4 到 8 小时，这些大学生便开始感到沮丧和无聊。尽管他们获得的报酬十分丰厚，但他们还是选择放弃继续参与这一无法工作的实验，转而选择那些虽然压力较大但更具挑战性、报酬相对较少的工作。

米哈里·契克森米哈伊专注于研究高峰体验和巅峰表现，他曾指出："人类的最佳时刻，往往是在追求目标的过程中，全力以赴地展现自我之时。"享乐主义者的生活由于缺乏挑战和投入，难以获得真正的幸福和满足。

3. 虚无主义型

"虚无主义型"的人是指那些已对幸福追求心灰意冷的人，他们失去了对生命意义的信念。相较于"忙碌奔波型"的人对未来的执着追求，或是"享乐主义型"的人对即时欢愉的沉溺，"虚无主义型"的人则沉溺于过往的挫败，放弃了追寻当前与未来的希望。

心理学家马丁·塞利格曼将这种心态界定为"习得性无助"。在他的经典研究中，他将实验犬分为三组。在设有电击地板的房间里，第一组犬在遭受电击时可通过触碰开关来停止电击；第二组犬同样遭受电击，但无法阻止；第三组犬则未受电击。

经过一段时间，所有犬只被置于一个带有矮栏杆的箱子中，随后进行轻微电击。结果显示，第一组(能控制电击的犬)和第三组(未受电击的犬)迅速跳过栏杆，而第二组(无法控制电击的犬)则仅在原地哀鸣，它们成为了"习得性无助"的受害者。

在另一项类似研究中，塞利格曼让两组受试者面对噪音干扰。第一组受试者能够停止噪音，而第二组则无法控制。当再次播放噪音且两组均有能力停止时，先前无法控制噪音的第二组受试者却未采取行动，这即是"习得性无助"的体现。

塞利格曼的研究揭示了人们易于陷入"习得性无助"的心理状态。当遭遇挫折或无力感时，我们倾向于放弃，甚至感到绝望。

蒂姆，作为"忙碌奔波型"和"享乐主义型"的尝试者，均未能找到真正的快乐。在迷失方向后，他选择了向命运低头，然而，他对于子女的未来却深感忧虑。他不希望孩子们陷入"无声的绝望中"，却又不知如何引导他们。是教导他们为了成功牺牲当前的幸福吗？这似乎太过痛苦；或是教导他们追求即时的欢愉而忽视长远的目标吗？这似乎又过于空洞。蒂姆因此陷入了深深的困惑与痛苦之中。

"忙碌奔波型""享乐主义型""虚无主义型"的个体均陷入了对幸福理解的误区。他们各自坚持的偏见，如"实现谬论""快乐至上"以及对现实的完全误读，都阻碍了他们追求真正的幸福。而"虚无主义型"的人尤为可悲，因为他们连前两者所体验到的有限快乐也无法感受到。

4. 感悟幸福型

沙哈尔的一位学生收到了一家知名咨询公司的录用通知，但她却向沙哈尔表达了自己的困惑：她并不喜欢这份工作，但同时又难以拒绝。虽然有其他公司提供了她更为心仪的工作，但薪资待遇却无法与这家公司相提并论。她面临着一个抉择：是选择一份自己喜欢的工作，还是选择一份高薪的工作？她向沙哈尔提出了一个问题：一个人要到了什么年纪，才能够不再为未来担忧，完全地享受当下的生活？

沙哈尔给出了这样的建议：不要去思考"是否应该享受现在的快乐还是未来的幸福"，而应该思考"如何才能在现在和未来都享受快乐"。

沙哈尔指出，眼前和未来的幸福并不总是相互冲突的。大多数情况下，我们可以同时追求眼前的快乐和未来的幸福。例如，一位对学习怀有热忱的学生，其在学习过程中能够体验到创造的乐趣，这样的乐趣不仅能够提升他的学习体验，更为其未来的成功铺设基石。当我们投身于自己热爱的职业，无论是商业的繁荣、医学的救死扶伤，还是艺术的创造，我们都能在享受的过程中实现自我提升。

然而，我们必须认识到，对永恒幸福的过度追求往往伴随着失望与挫败。并非所有事情都能同时满足我们当前的快乐与未来的期望。在某些情况下，为了实现长远目标，我们可能需要暂时放弃一些即时的快乐。有些平淡或琐碎的付出是难以避免的，比如为了考试而学习、为了未来而储蓄、为了实现目标而加班工作，这些都会带来一些不愉快，但它们确实可以帮助我们在未来获得收益。关键在于，即便在牺牲眼前快乐的过程中，我们仍应努力在生活中的各个层面寻找那些能够滋养现在并照亮未来的幸福之源。

沙哈尔认为，适度的享乐主义也有其积极的一面。有时候，专注于眼前的幸福可以让我们放松，带来焕然一新的感觉。适度地投入自己的爱好，能为我们带来更为深刻的幸福感受。

沙哈尔对"忙碌奔波型"的人提出了批评，他们过于关注成功本身而忽略了过程中的快乐。而"享乐主义型"的人则过于重视过程，忽视了目标的重要性。"虚无主义型"的人则更为悲观，他们既放弃了过程也放弃了结果，对生活感到麻木。

真正的持续幸福感源于为一个有意义的目标而快乐地付出与奋斗。幸福不仅仅存在于达到目标的那一刻，而是存在于追求目标的过程中所经历的一切。

【扫描学习】微课：幸福的汉堡模型

【成长练习】四个象限的特别日志

研究显示，通过坦诚地记录下生活中的正面和负面经历，我们可以提升身心健康。

在一个连续的四天周期中，每天花费大约 15 分钟时间，分别在四个不同的类别中写下你的经历。这些类别分别是"忙碌奔波型""享乐主义型""虚无主义型""感悟幸福型"。

你可以选择记录一件事情，或者是一段时期的感受。在第四天，专门写下你在"感悟幸福型"中的经历。如果你对某个类别特别感兴趣，可以多写一些，但每天请保持在一个类别内。无须担心文字的流畅与美感，重要的是去表达。记得记录下当时的感受、现在的感受、当时的行为以及想法。

以下是每个类别的一些写作指导：

忙碌奔波型：描述你在生活中的忙碌时刻，思考这些忙碌为什么发生，你从中得到了什么，以及你付出了什么代价。

享乐主义型：叙述你专注于享乐的时刻或经历。思考这些经历给你带来了什么，以及你可能失去了什么。

虚无主义型：写下那些让你感到痛苦或绝望的时刻，描述你当时和现在的感受与想法。

感悟幸福型：描绘你生活中的一个幸福时期或经历。尽量唤起那个时刻的感受，并将其记录下来。

记住，这些记录是为自己而写。如果愿意，你可以与他人分享，但在写作时，请坦诚地表达自己的所有想法和感受。勇敢地表达自己，你将能更多地从中受益。

在"虚无主义型"和"感悟幸福型"这两个类别中，至少再重复练习两次。在重复时，你可以选择写相同或不同的内容。你需要定期回顾你所写的内容，比如每三个月、每年，或是每两年一次。

二、幸福的经典研究

1. 快乐的人是否更健康

故事起源于美国匹兹堡附近的一家旅馆。卡内基梅隆大学的科恩教授带领他的研究团队驻扎在旅馆内，并将被试分派在旅馆三层的房间内，每人一个房间，独自待上一周，试图了解被试被隔离的感受。

在这期间，研究人员会对被试进行一系列体检，试图探寻情绪与健康之间的联系。被试在抵达研究场地之前，已经接受了各项基本检查，其中包括情绪状态，即整体积极与消极程度的检查，以及体内抗体水平的检查，以获知这些被试是否曾患过某种疾病或遭受某种细菌侵袭。

进入旅馆的第一天，被试就感染了一种感冒病毒，然后他们靠看电视、看书或打电话来打发时间。此时，感冒病毒慢慢在他们体内蔓延并控制了他们的身体。在接下来的几天里，被试不能离开自己的楼层，也不能和任何人有身体接触，并且只能食用旅馆专供的食物。

快乐的人报告流鼻涕、鼻塞和打喷嚏这类症状较少。在客观的诊断迹象(如过多的鼻涕)上，这类人的症状也更少。因此，较为快乐的人不仅是主观认为自己更健康，而且客观的体验也证明了他们确实更为健康。

结论：快乐的人不仅在患病时抱怨较少，而且他们一开始患病的概率就小，因为他们的免疫系统往往更强！

2. 助人的人是否更幸福

哈佛大学商学院和加拿大英属哥伦比亚大学的科研人员共同设计了一项独特的实验。在这项实验中，他们向 46 名参与者分配了不同数额的钱，其中一部分是 5 元，另一部分是 20 元，并指示他们必须在当天下午 5 点前使用这些资金。然而，资金的使用方式存在显著差异——一半的参与者需要将资金用于自我消费，而另一半则需用于为他人消费。实验结束后，研究人员向参与者提出一个问题：哪些人在这项实验中感受到了更多的幸福感？

研究结果显示，那些将资金用于他人消费的参与者相较于自我消费的参与者体验到了更高的幸福感。值得注意的是，这种幸福感的提升并不依赖于所花费资金的数额。换言之，无论是 5 元还是 20 元，只要这些资金被用于他人，参与者便能体验到同等的幸福感提升。

结论：个人在自我消费上的投入与幸福感之间并无显著关联。不论个人在自身上花费多少资金，其幸福感并不会有明显的改善。相反，个体在他人身上的消费与幸福感之间存在明显的正相关关系。为他人购买礼物或捐款越多，个体的幸福感便越高。这种幸福感的提升并不受个人收入水平的影响，无论贫富，只要个体愿意为他人付出，便能够体验到相对较高的幸福感。

3. 有幸福感让思维更灵活

心理学家弗雷德里克森认为积极情绪在进化过程中发挥了重要作用。它们不仅丰富了我们的智力、身体和社会资源，还提高了我们在面对威胁或机遇时调动这些资源的能力。处于积极情绪状态时，人们更容易受到他人的喜爱，从而在建立友谊、发展爱情和推进合作等方面取得成功。与烦恼和忧虑情绪相反，积极情绪能够拓宽我们的思维视野，增强我们的包容性和创造力。在我们心情愉悦时，接受新思想和经验的能力也会相对增强。

为了支持她的理论，弗雷德里克森列举了几个实验案例。设想你面前有一盒大头钉、一支蜡烛和一盒火柴，你的任务是把蜡烛挂在墙上，同时确保蜡油不滴到地板上。这一任务需要创造性的解决方案。一个可能的解决方法是将大头钉倒出来，用大头钉将空盒固定在墙上，然后将蜡烛放在盒子里，这样蜡油就不会落在地板上了。在进行这一实验之前，参与者会被引导进入积极的情绪状态，比如给他们一些糖果，让他们观看有趣的卡通片，或者让他们大声朗读一系列带有积极情绪色彩的词汇。这些方法都能带来愉悦感，而由此产生的积极情绪被证明有助于提高完成任务的创造力。

另一个实验是测试人们如何迅速判断一个词语是否归属于某一特定类别。以"运输工具"这一类别为例，当参与者听到"汽车"和"飞机"时，大多数人会迅速做出"是"的判断；然而，当听到"电梯"时，反应往往会慢一些，因为它与大家心目中的运输工具形象不太相符。实验者发现，如果先让参与者体验到积极情绪，他们对"电梯"做出判断的速度就会加快。这表明积极情绪能够拓宽思维，加快思考速度。

4. 谁能成为人生赢家

故事起始于 1938 年，当时哈佛大学卫生系主任阿列·博克教授观察到，尽管研究界普遍关注疾病、失败和困境的成因，却鲜少有人探讨健康、成功和幸福的秘诀。

因此，博克教授发起了一项具有前瞻性的研究计划，旨在追踪一群个体从青少年到晚年的人生轨迹，详细记录他们的起伏变化，以探究哪些特质和经历能够导向更为成功和幸福的人生。

1939 年至 1944 年间，该研究遴选了 268 名哈佛大学本科生作为研究对象。这些受试者均为 19 岁左右的美国籍白人男性，家境殷实，身心健康，仪表堂堂。他们每两年需完成一份详尽的问卷，涵盖健康、精神、婚姻、事业等多个方面。研究者根据问卷结果将他们分为不同等级，以 A 代表最佳状态，E 代表最糟状态。

此外，每五年会有专业医师对受试者进行身心健康评估。而每 5 至 10 年，研究者会亲自造访，通过深度访谈，更全面地了解他们的亲密关系、事业成就、生活满意度以及人生适应情况。

这群受试者堪称"历史上被最详尽研究的群体"，他们历经二战、经济起伏、金融风暴等历史节点，经历了结婚、离婚、晋升、挫折、复兴等多种人生际遇。在这 268 人中，不乏政界精英，如 4 位美国参议员、1 位州长，甚至包括美国总统约翰·肯尼迪。然而，肯尼迪的档案已被政府封存，预计要到 2040 年才能解密。

那么，其他 267 人的经历又揭示了哪些人生真谛呢？研究发现，一些传统上认为重要的因素，如"男子气概"、智商(超过 110 后)、家庭社会经济地位、性格内外向、社交技巧以及家族病史等，对于人生的整体成功并不起决定性作用。真正促使个人实现"人生繁盛"的关键因素包括：保持健康的生活习惯(如不酗酒、不吸烟、规律锻炼、保持健康体重)，以及在成长过程中得到的爱和关怀，特别是在童年时期和青年时期建立的亲密关系。

结论：最终的研究结果或许令人惊讶——与母亲关系亲密的人，其年平均收入高出 8.7 万美元；与兄弟姐妹关系和睦的人，年平均收入高出 5.1 万美元。在"亲密关系"方面得分最高的 58 人，其平均年薪高达 24.3 万美元，而得分最低的 31 人，年薪则不超过 10.2 万美元。这些数据显示，在 30 岁之前建立稳固的"真爱"关系——无论是爱情、友情还是亲情，都能显著提高个人实现"人生繁盛"的可能性。乍一看，感觉哈佛用 76 年熬了一碗浓浓的鸡汤——人生成功的关键是"爱"！这答案看上去太过普通，以至于让人难以置信。

第二节　幸福的误区

在我们的日常生活中，经常会听到人们抱怨"累""心烦""无聊""郁闷""空虚"等。英国广播公司(BBC)曾播出一部名为《幸福公式》的纪录片，该片在开篇提出了三个引人深思的问题："我们的财富增加了，健康状况改善了，智力水平提高了三倍，但为什么我们并没有感到更幸福？是什么因素剥夺了我们这一代人的幸福感，我们的幸福又究竟去了何处？"接下来，我们将探讨人们对于幸福的三大误解。

一、幸福来自金钱吗?

有两对在大学任教的夫妇。其中，约翰逊夫妇的年收入总计 10 万美元，而汤普森夫妇的年收入总计 20 万元。

约翰逊夫妇对自己的收入很满意，他们认为这个收入足以满足自己的生活需要。收入是他们两倍多的汤姆森夫妇却总觉得手头很紧，还经常为了钱吵架。原因就在汤普森夫妇想要更多的奢侈品和奢侈体验，因此他们就觉得自己很缺钱。

心理学家研究发现：一个人对自己的收入是否满意，并不取决于其收入多少。一些很有钱的人总觉得欲望不能得到满足，而一些不是很有钱的人却很满意当前的生活。

$$\text{幸福} = \frac{\text{我们已拥有的(成就)}}{\text{我们想要的(欲望)}}$$

也就是说，年收入 2 万美金和 20 万美金不是最重要的，开一辆宝马跑车或是一辆二手的五菱面包车也不是重要的，重要的是你的收入是否能满足你的欲望。一般来讲，钱多总比钱少好。但由于个人欲望不同，有些穷人也会感到快乐，有些富人却觉得不快乐。

在一项涉及 40 个不同国家(每个国家超过 1000 人参与)的广泛调查中，研究人员探讨了不同收入水平国家居民的主观幸福感。具体而言，问题是："你有多满意最近的日常生活？"受访者需要给出 1 到 10 的评分，其中 1 表示非常不满意，而 10 则表示非常满意。结果显示，经济能力较强的国家通常拥有更满意的居民；然而，当一个国家的平均收入超过每人 8000 美元时，收入与幸福感之间的联系开始减弱，额外的财富似乎不再提升幸福感。例如，瑞士的居民可能比保加利亚人感到更加幸福，但与爱尔兰、意大利、挪威或美国的居民相比，情况就不那么确定了。

综合这项调查的结果，我们可以得出一个结论：金钱并不总是能够买到幸福。在 20 世纪后半叶，富裕国家所经历的经济繁荣带来了购买力的显著增强，这一趋势同样揭示了一个深刻的现象：尽管美国、法国和日本的实际购买力已实现了翻倍的增长，但居民的幸福感并没有相应地增长。

进行跨国比较有时难以揭示根本原因，因为富裕国家通常也拥有更高的识字率、更好的健康状况、更高的教育水平和更丰富的物质及精神生活。然而，比较同一国家内穷人和富人的幸福感可能更能揭示真实情况。人们可能会自问，"更多的钱能让我更幸福吗？"尤其是在他们犹豫是应该留在家中陪伴孩子还是去工作加班的时候。

在贫穷的国家里，低收入往往意味着基本生活需要会受到威胁，因此相对富有确实可以带来幸福感。但在富有国家，大部分人的基本生活需要已经得到满足，金钱的重要性就会降低。即便是非常有钱的人们，例如《福布斯》杂志上最富有的一百位美国人，根据调查显示，尽管他们拥有足够多的金钱可以买到很多自己既不需要也不在意的东西，但有80%接受调查的超级富豪认为：金钱既能增加幸福也能减少幸福，这都取决于金钱的使用方法。

不论财富多寡，人们往往会对比自己更富有的人产生嫉妒心理。一项调查聚焦于人们在薪资选择上的倾向。受试者面对两个选项，一是获得高于所在国家平均水平的薪资，但这一薪资在另一国家却低于其平均水平；二是选择在一个薪资平均水平较低的国家，获得一份略高于该国平均水平的薪资。令人惊讶的是，绝大多数人选择了后者，即虽薪资不算高，但相对于所在国家却是较高的。这种选择并非毫无依据，但我们需要明确，他人的财富不应成为我们不幸福的根源。实际上，看到他人生活充实是一件值得欣慰的事。我们不应仅仅因为未能超越身边的人而感到痛苦和不满，而应专注于自己的成长和幸福。

时至今日，许多中国人的物质生活已经过得不错，但精神生活还没有跟上。比如父母教育孩子说：好好学习，将来赚大钱；同学在聚会上问你现在工资多少钱；外出去旅游，顾不上欣赏风景，忙着自拍用来上传炫耀；急着买房子、买车子、买奢侈品，担心失去证明自己的机会……是不是可以停下匆忙的脚步，扪心自问一下：我真的感到幸福吗？或许，我们可以选择用一种简朴宁静的生活替代一种奢华空虚的生活。生活的真谛并非在于无止境地追求财富累积，而在于珍视我们手中的每一份拥有，并对已拥有的生活心怀感激。幸福的本质不在于我们拥有多少，而是源自内心的那份深刻的满足与宁静。

二、幸福总在别人家吗？

人类生活的众多维度中，社会比较往往占据了核心地位，正如一则广为流传的笑话所揭示的。这则笑话描绘了两位徒步旅行者遭遇狗熊的情境。一个徒步旅行者从他的背包中取出一双运动鞋。另一个旅行者问："为什么要穿上运动鞋？你不可能比一只熊跑得还快！"那个人却说："我不需要比那只熊跑得还快，我只需要比你跑得快就够了。"我们感觉到幸福或不幸福依赖于我们和谁相比较。当人们进行向上比较时，可能会产生一种相对剥夺感：期望与实际所得之间的差距产生挫折感。特别是在社交网络日益发达的今天，人们常常会接触到他人发送的各种信息，当人们意识到其他人拥有自己没有的东西或经历时，自身的欲望诉求就会不断上升而使自己变得越来越不满意和不幸福。

人们似乎天生就有一种倾向，那就是通过向下比较来寻求心理慰藉。心理学研究表明，完成以"我很高兴我不是……"开头的句子的被试，在后续的测验中，相较于那些完成"我希望我是……"句子的被试，显示出更少的抑郁症状，并表达了更高的生活满意度。面对逆境、挫折、不快或不幸时，人们往往会在困境中寻求一线希望，通过将自己与那些境遇更糟的人相比较，来寻求心理上的平衡。当我们认识到他人的困境远超于我们所经历的时，我们会对自身所享有的幸福倍加珍视，并领悟到那些所谓的"物质追求"或许并非我们真正所需。正如那句古老的波斯谚语所言："我因没有鞋穿而感到悲伤，直到我发现还有人没有脚。"

生活中，每当目睹身边的人赢利、获奖、升职、换宅、购车时，有人或许会私下羡慕、嫉妒，甚至心怀怨恨，暗自嘀咕：为何幸福总是萦绕在他人左右？人们往往贪恋他方的美景，而忽略了眼前的瑰宝。每个人皆有自己的精彩与幸福，同时亦伴随着苦楚与无奈。在你羡慕他人的时刻，又怎知对方不在羡慕你？著名诗人卞之琳的《断章》一诗，恰如其分地阐释了这一哲理："你站在桥上看风景，看风景的人在楼上看你，明月装饰了你的窗子，你装饰了别人的梦。"

因此，幸福实为一种相对的概念，知足方能常乐。然而，幸福又非来自纯粹的比较，真正的快乐源自内心。人生旨在探索自我，并通过与外界的互动，即与世界相连来认知自我，继而从这互动中抽身，实现自我价值，成就更好的自己。幸福是一种抽象的、主观的感受，源于自我世界的体会与塑造。我们不应仅通过比较来维持一种肤浅的优越感，那样会将幸福转化为一场自欺欺人的把戏。唯有摒弃内心的浮躁，怀抱感恩之心，才能用充满爱的双眼，随时随地发现并珍惜身边的幸福。

【成长练习】我的 VIT(Very Important Things)

其实幸福本没有绝对的定义，幸福与否只在于你的心怎么看待。现在让我们来看看在自己的生活中什么东西是最重要的，拥有这些东西是否就拥有了幸福。

人员与场地：30～50人，活动分组，8人左右一组；室内。

游戏道具：A4白纸(每人一张)；黑色签字笔(每人一支)；背景音乐。

程序与规则：

请你仔细思考一下你生命中重要的5样东西并在纸上记录下来。这5样东西，可以是实物，也可以是精神；可以是人，也可以是物；可以是爱好，也可以是信仰；可以是抽象的，也可以是具体的；还可以是一些表述，比如健康、快乐、幸福、事业、金钱、名誉、地位等。总之，你尽可以天马行空地想象，只要把你内心最珍贵的5样东西写出来就是。他们是你生命的意义所在，是你生命的寄托和希望，是你生命的挚爱和维系生命的全部理由。

你写好了吗？写好后，请屏住呼吸，认真地审视这5样东西——TA可是你一生中最重要的5样东西啊！也许现在你已经发现你生活中的美好点滴，那幸福的人、事、物。但是人生总有很多意外，因为命运的捉弄，灾难来了，生命中最宝贵的5样东西之中的一个不得不离你而去，你会选择划掉哪一个？删除就代表它将不会再出现在你的生命里，你永远地失去了它。你现在有什么感受？你的心情如何？这一失去会对你的生活带来什么影响？请你写下自己的感受。

假如灾难还在继续，生活又发生了重大变故，来得更凶猛急迫，在剩下的4样重要东西中，你必须再放弃一样，你需要再一次划掉一样东西。你要再次问一下你的内心，并把自己的感受进行记录。

在生命的旅途中，你再次遭遇了严峻的考验，这一次，你不得不再次割舍一样珍视的东西。请你继续进行删除并去内省。你的生活正经历着前所未有的低谷，这要求你做出生命中最艰难，却也最坚定的选择。就这样，真的很难为你，但你不得不继续做出选择，你只能留下一样，留下最后一样最珍贵、最重要的东西，其余全部放弃。

艰难的选择到此结束了。现在请你看一下剩下的最后一样东西。这应该就是你内心中感到最幸福、最重要的东西。请你再回想一下，在这一过程中的你所做出的选择，还有你体验到的心情与感受，例如挣扎、无奈与痛苦。幸运的是，这些幸福还在你的身边，希望你从今以后重视、珍惜与善待它们。

三、幸福来自完美吗？

假想一下，如果生活中只有晴空万里而没有乌云笼罩，如果生活中只有幸福而没有悲哀，如果生活中只有快乐而没有痛苦，如果这样的生活存在的话，那将不是人的生活。生活中，悲伤和喜悦经常缠绕在一起，快乐也需要悲伤来显现，在生活的法则中，不幸和幸运总是交织在一起。

作家三毛说："人类往往少年老成，青年迷茫，中年喜欢将别人的成就与自己比较，因而很受挫。好不容易活到老年，仍是一个没有成长的笨孩子。我们一直粗糙地活着，而人的一生，便也这样过去了。"智慧丰富的人们都明白这个道理：追求从来没有的、根本就不存在的东西，只会令自己徒增烦恼罢了。所以，一个人要想让自己幸福、快乐一点，就不应处处苛求自己，不如把自己的瑕疵当作自己进步的突破口来得明智。

生命与生活，一个是有限的，另一个是无限的。至于每一个有生命的个体，从他们出生的那一刻，直到他死亡的那个瞬间，生活都不曾离开过他的左右。造物主是吝啬的，他不会给一个人太多。有句话说："每个人都是被上帝咬掉一口的苹果。"如果每个人都能够懂得这一点，心态就会变得平和，就会明白幸福其实就是一种心境。所以，我们要用不过分追求完美的平和的心去尽力做好每一件事，如此便会感觉到生活是那么轻松与惬意，并很容易发现，生活中许多美好的事物就在我们身边。生活给了你明亮的眼睛，让你去寻找光明与希望、快乐与幸福。

完美在很多时候都是人们所追求的最高理想和最高境界，可等你真的向那个目标进发时，你会发现现实并不如你所期望的那样美好。完美本身其实就是一种不完美，因为过多地苛求自己不但会影响到自己的发展，而且会使自己过于劳累，心灵过于疲惫。那些追求完美生活的人常会感到不安，根源在于他们用一种不正确且不合乎逻辑的态度看待人生。他们最为普遍的错误想法就是，不完美的事物是没有任何价值可言的。例如，若在考试中考了 99 分，剩余的那 1 分会变成他们心中长时间的痛。追求完美的人还存在一个心理误区："我永远不可能再把这件事情做好了。"他们可能会自怨自艾，无休止地责备自己，内心不断感到受挫和内疚，从此快乐难寻。

有的人总是不断地苛责自己，例如对自己的言谈举止要求时刻保持高雅而优美，遇到发言时就拼命克制自己的紧张，工作时要求自己做到最完美，旅游前总要计划好每天活动和每条线路……完美主义其实是一种枷锁。我们不应追求"两全其美"的理想状态，因为完美并不总是美丽的同义词，它往往是缺陷的映射。有句谚语说："世上没有不生杂草的花园。"完美主义让我们难以接受现实，难以满足现状，从而错失许多成功的机会。因此，我们需要打破这种桎梏，解除完美的束缚，释放真实的自我。这样，我们才能实现真正的自我改变，走上幸福的道路。

【哲理故事】世上不存在完美

以前，一位技艺精湛的老玉匠希望有人能接自己的班。不久，他招了三个徒弟。经过五年细致耐心的传授，老玉匠想考察一下三个徒弟，他把三个人叫来并交代道："在这个世界上，有一块无价之宝，它没有任何缺陷且存在于崇山峻岭深处。你们已经学艺多年，也是检验你们学习成果的时候了。你们都去找那块美玉吧，找不到就不要回来见我。"

第二天清晨，三人便向深山出发，踏上了寻找绝世美玉之路。大徒弟是一个执着而又注重生活实际的人。他在途中偶尔会发现有些许瑕疵的玉石，也会发现成色质地粗糙但形状特别的玉石。每每于此，他都会很细心地将各种玉石归类并一一放到包裹里面。四年后，尽管并没有找到那块美玉，但也拾得了满满一行囊的玉石，自己也有一种满足感。而且他很想念自己的恩师，决定即使被师傅训诫也要回去。在他看来，这些玉石也很美，虽然没有达到极致的完美。

路上，他遇到了两手空空的师弟们。两个师弟认为："你这些东西根本不是师傅所说的那块美玉，师傅是不会满意的。我们不回去，我们要继续寻找那块绝世的美玉。"大徒弟便一个人带着他的那些玉石回去见师傅了。当他把自己的成果交给师傅时，师傅脸上露出了欣慰的笑容。

他把两位师弟说的话传达给师傅，师傅听后叹气道："他们不会回来了，他们俩都是不合格的探险家。如果他们幸运的话，能够中途醒悟，明白至善至美是不存在的这个道理，那是他们的福气。如果他们不能醒悟，便只能付出一生的代价了。"

又过了三年，二徒弟也回来了，他只找到了几块玉石，但是却费了他很多的心力。师傅见过后，面带笑容，为他的醒悟感到庆幸，同时也为小徒弟深感惋惜。

又过了很多年，师傅的生命已经奄奄一息了。大徒弟和二徒弟对师傅说要派人去寻找师弟。师傅说："不用去找了，经过这么长的时间和那么多的失败都不能够使他醒悟，这样执迷不悟的人，即使回来了又能够做什么事情呢？"世界上并没有完美的玉，也没有完美的人，为追求这种东西而耗费生命，只会落入"白了头，空悲切"的境地。

第三节　努力获得幸福

要实现一种幸福的生活，需要内在的价值观支撑，也需要人们为幸福而努力奋斗。寻找一条适合自己的路去追求幸福是最明智的。如何才能使自己变得更幸福？下面的一些建议也许能帮助你做好自己的幸福功课。

一、沉浸、乐观与希望

沉浸、乐观与希望是与幸福密切相关的三项品质。当人们经历沉浸时，他们往往感到愉悦和满足，因为这种状态允许他们充分发挥自己的技能，有挑战和成就感。乐观的人倾向于更积极地看待生活的挑战，他们更有可能培养幸福感。研究表明，乐观者通常更快乐、更具抵抗力、更有可能应对压力和逆境；拥有希望的人通常更幸福，因为他们相信未来会更好，愿意付出努力实现目标。乐观和希望的态度可以促使人们更容易进入沉浸状态，因为他们更容易对活动感到兴奋和有动力。反之亦然，沉浸的体验可以提高人们的乐观和希望，因为成功和成就会使人们增强对未来的信心。

概言之，沉浸、乐观、希望与幸福之间存在着相互支持和增强的关系。通过培养这些积极的心态和经验，人们可以提高幸福感，并更好地应对生活中的挑战和压力。这些因素可以共同提升个体的心理健康和生活质量。

1. 沉浸

沉浸是指个体对某一活动或事物展现出深厚的兴趣，以至于达到忘我之境，完全沉浸在活动中。这是一种复杂的情绪体验，融合了愉快、兴趣等多元情感要素，且这种体验源于活动本身，而非任何外部目标。

当个体投身于一项可控、充满挑战的活动时，若此活动需要一定技能并由内在动机驱动，沉浸体验便油然而生。为了获得这种体验，个体需要精准把握时机完成任务，目标明确，反馈及时。在沉浸状态中，人们全神贯注，忘却日常烦忧，全身心投入其中。完成任务后，人们会感受到一个更为强大的自我，自我意识因成功完成任务而得到强化

此外，在沉浸体验中，人们的时间感知会发生异变。有时，一小时仿佛仅为一分钟般短暂；而有时，短短几分钟又似乎漫长得如同数小时。沉浸体验能让人全神贯注并忘我，但沉浸体验的产生需要一定的条件。

(1) 挑战与才能的平衡。

从理论层面分析，生活中的各类活动均具备引发沉浸体验的可能性。然而，在实际情境中，没有任何一种活动能够确保我们以恒定的方式持续获得沉浸体验，这源于个体能力与所面临挑战之间无法持久维持平衡状态。从这个角度而言，沉浸体验是促使人类不断进步和不断发展的一种原动力。

(2) 活动的结构性特征。

是否能产生沉浸体验还和所从事的活动本身有关。一项具有明确的目的、明确的规则和相应的评价标准的活动更容易引发沉浸体验，如体育活动、棋类比赛等。此外，活动的质量还取决于其能否为参与者提供及时且充分的反馈。这种反馈不仅有助于参与者了解自己已经取得的进步，还能引导他们识别出需要进行的调整以及接下来应该采取的行动，这些因素对于激发沉浸体验至关重要。

(3) 主体自身的特点。

参与者自身的特点也是影响沉浸体验产生的重要因素。"自带目的性人格"的人将生活视为一种纯粹的享受，他们投身于各种活动之中，其动机源于内在而非外界强加的目的，这样的人更容易产生沉浸体验。并且，沉浸体验一般在个体高度集中注意力的时候才会产生，因此，即便不是"自带目的性人格"的个体也可以通过改善自己的注意品质来获得沉浸体验。

【经典实验】一颗走神的心是一颗不快乐的心

作为人类，我们独具一种卓越能力，即能够轻易地将注意力从当前事务中抽离，转而关注其他事物。想象一下，某人虽端坐在电脑前工作，但他的思绪可能已飘回上月的旅行，或在盘算晚餐的去处，又或是担忧日渐后退的发际线。

这种能力赋予我们更多机会去关注生活的多个层面，而非仅局限于眼前之事。它使我们能够以独特的方式学习、规划和理解世界。我们从小就被告诫做事情要全神贯注，"不要走神"，你肯定听得耳朵都长茧子了。然而很多人不知道的是，这种能力还和我们的幸福感有关。为了追求幸福，我们有时需要沉浸并专注于那些曾经的美好瞬间。尽管过度分心或许不利，但适当的思绪飘飞能让我们的思想自由翱翔。我们无法改变眼前的现实，但我们的思绪可以无拘无束地飞向任何角落。

鉴于人类对于幸福的追求，我们或许可以推测，当我们的思绪飘向比现实更为幸福的地方时，我们正在体验一种幸福感。这种假设有其合理性。换言之，思想中的愉悦可能正是通过分心的方式提升了我们的幸福感。

为了检验这个假设，科学家们决定用实验数据来寻找答案。他们提出了三个关键问题。第一个问题是关于快乐的：你的情绪状态如何？衡量标准从非常差到非常好。第二个问题，关于行为：你当前正在从事何种活动？研究者的清单上列有22种不同的活动，涵盖进食、工作和观看电视等。第三个问题，关于走神：你是否正在思考其他事情，而非专注于当前的活动？有些人可能回答否，即他们正全神贯注于当前工作；而有些人则会回答是，他们正在思考其他事情，这些事情可能是愉快的、平淡的或不悦的。这些现象，我们称之为走神。

通过这项研究，研究者为我们描述了各种状态下的幸福指数。研究结果是，当人们走神时幸福指数显著下滑。面对这一结果，人们可能会理所当然地认为，人们在走神时因心思未专注于当前事务，自然感到不幸福。然而，这里存在一个有趣的假设：当注意力从令人不悦的情境转移时，走神或许能带来一丝慰藉。

然而，研究结果并不支持这一假设。事实上，无论人们从事何种活动，走神状态下的幸福指数普遍低于专注状态。例如，众所周知，通勤常被视为最令人不悦的日常活动之一。但有趣的是，即便是在这样的情境中，当人们全神贯注于赶路时，其幸福感仍高于走神时。这一发现令人惊讶，我们不禁要问：究竟是什么导致了这样的结果？

研究者认为，这可能与走神时人们常回想起不愉快的事情有关。这些忧虑、担忧和懊悔的体验，降低了人们的幸福指数。甚至当思绪飘向平淡无奇的事物时，都会使幸福指数低于专注状态。更令人惊讶的是，即使人们思考的是令人愉悦的事情，其幸福指数也略低于专注时。如果将走神比作一台老虎机，跟它赌只有三种结果：输50块，输20块，或者输一块钱。这样的话，你肯定不想玩它。数据显示，走神现象在日常生活中极为普遍，几乎每时每刻都在发生。在47%的时间里，人们都在思考着与当前活动无关的事物。

走神现象与正在进行的活动之间有何关联呢？研究发现，涉及22种不同活动的参与者均表现出不同程度的走神。具体来说，某些活动中，人们的走神时间占比相当高，例如洗澡或刷牙时人们走神的时间高达65%。同样地，当个体投身于工作时，约有50%的时间他们的注意力并不集中在任务上；而在进行运动时，走神的时间也占据了40%。这些数据揭示了一个引人瞩目的现象：无论人们正在从事何种活动，走神都几乎无处不在，鲜有例外。

2. 乐观

当前关于乐观的研究领域形成了两种迥异的理论视角及相应的评估策略。其一，乐观被视为一种稳定的人格特质，其特点在于个体普遍持有乐观的期待和展望；其二，乐观被阐释为一种特定的解释风格，用以理解和诠释生活中的各种事件。

(1) 气质性乐观。

气质性乐观的定义基于传统的期望-价值理论。该理论认为乐观不仅指特定情境中的抱有希望的期望，而且指相似情境中一种类化的具有跨时间和跨情境一致性的期望，一般强调个体总体上的感受。谢尔等人首次提出气质性乐观的概念，认为气质性乐观是对未来好结果的总体期望，即认为好事情比坏事情更有可能发生。气质性乐观的定义更侧重于将乐观看作一种稳定的人格特质。谢尔等人认为，乐观的人在面对困难时，会继续坚持所认为有价值的目标，采用有效的应对策略，不断调整自我状态，以便尽可能去实现目标。气质性乐观与身体健康和对药物使用的积极反应有显著正相关。比如，气质性乐观的人较少出现心脏病和癌症，他们会更多地采用积极的应对策略，如再定义、重构等。相对地，悲观主义者则采用逃避和与问题脱离的应对策略。

(2) 乐观解释风格。

赛利格曼认为乐观可以被视为一种特定的解释风格，而非一种普遍的人格特征。乐观的个体倾向于将消极事件或体验归因于外部因素，这些因素往往被认为是临时的、特定的，如当前环境等；相反，悲观的人则更倾向于将消极事件或体验归因于内部因素，这些因素被认为是稳定的、普遍的，如个人失败等。所以乐观的人会说，考试没考好是因为出错了题目，或是考场空气不新鲜导致自己不能集中注意力；悲观的人会说自己的专业课没学好，是自己比较愚钝。解释风格的乐观定义更加注重于个体在后天生活中可习得、可调整乃至可重塑的维度。

解释风格的观点来源于习得性无助理论的归因重构模型。简要来说，习得性无助理论认为，在经历了最初的不可控的、令人讨厌的事件以后，动物和人就会变得无助、被动和反应迟钝。这种现象很可能是因为个体认为自己的行为与结果之间缺乏关联性。举例来说，当面临困境时，人们往往会寻求原因解释。若个体将困境归因于稳定的因素，无助感可能会长时间持续；若个体认为产生困境的原因具有普遍性，这种无助感可能会扩展到其他事件上；而如果个体将困境归因于内部因素，他们的自尊心可能会遭受打击。

3. 希望

心理学研究中将希望定义为：为达到预期目标排除障碍而设计相应途径的能力，以及利用该途径的方式和动机。作为一种积极的人格力量，希望不仅与积极的情感、坚韧不拔的精神息息相关，还与解决问题的能力、学业成就、体育竞技的佳绩、军事上的胜利、职业上的成功、政治领域的显赫声望、健康的体魄以及长寿等都有着密切的联系。

(1) 希望对生活满意度的影响。

希望是关于生活满意度的一个关键的人格力量，研究者发现，希望水平在决定生活满意度方面扮演着举足轻重的角色。当青少年面对生活中的逆境时，那些拥有高水平希望的人往往能够展现出更高的生活满意度，同时减少问题行为的发生。国内研究也揭示，那些持有积极归因风格且希望水平较高的学生，在学习适应性方面表现出色；相反，持有消极归因风格的学生则显示出较低的希望水平和学习适应性。针对贫困生的专项研究发现，希望特质对抑郁有着独立的影响作用，而对幸福感的影响则通过应对方式这一中介得以实现。具体来说，高水平的希望能够激发积极的应对方式，如问题解决和求助，进而影响幸福感。研究还指出，个体的希望水平会直接影响其在面对问题时的应对方式。当个体认为解决问题的希望较大时，他们更可能采取积极的应对策略；相反，低水平的希望则可能导致消极的应对方式。此外，多项研究还表明，希望有助于个体有效应对困难，尝试多种解决策略。在面对压力时，那些希望水平较高的个体更可能采用积极的应对策略，减少不切实际的幻想、自我批评和社会退缩，并更频繁地寻求帮助，从而更容易摆脱忧伤、焦虑、孤独等不良情绪。

(2) 希望对成就的预测作用。

希望的作用还体现在预测成就方面。高水平的希望能够预示较高的学业成绩。有研究发现，通过对刚入学的大学新生的希望水平测试发现，即使在控制了入学成绩这一因素后，具有高希望水平的学生仍预示着他们将取得更好的年级平均成绩。相较于具有低希望水平的学生，具有高希望水平的学生更有可能顺利毕业，并且他们在整个学年的学习中不易放弃。这些具有高希望水平的学生倾向于设定较高的学业目标，对成功的期望也更为强烈。此外，高水平的希望也被证明能够预测大学生运动员的卓越个体和团队表现。具有高希望水平的学生相信自己能够设定合理的目标，并找到实现这些目标的有效路径，他们能够规划并着手实施与目标相关的"心理行动序列"。这种希望成为推动他们积极情感和心理幸福感的主要动力，使希望与乐观、自我效能、自尊等概念区分开来。

因此，具有高希望水平的个体之所以展现出高成就，可以归因于以下几点：首先，他们能够清晰地设定目标；其次，他们能够确定达成目标的多种途径，从而在一种途径失败时能够灵活采取备选策略；第三，他们通常表现出较低的表演和测试焦虑；最后，相较于具有低希望水平的个体，他们在遭遇失败后能够保留更多的积极影响。

这种积极影响有助于提升个体对自身能力的信心，而这种信心又进一步促进了积极影响的维持。这种维持能力的感觉增加了选择不同路径实现成功的可能性。一旦成功，由此产生的积极情绪会反过来进一步强化目标追求的过程。在积极组织行为学的研究中，希望被视为一种具有积极导向的心理能力，可以被测量、培养和有效管理，从而为实现绩效目标提供人力资源优势。

二、积极的心理状态

尽管我们可能无法改变整个世界，但我们可以控制和改变我们自己。生活中充满了变数和起伏，有很多我们无法控制和预测的事物，但我们的内心世界是完全可以由我们自己来主导的。有人说，每个人的内心都隐藏着一件看不见的法宝，它的一面刻着"积极心态"，另一面则刻着"消极心态"。积极心态能帮助我们达到人生的巅峰，而消极心态则可能导致一生的贫困和不幸。那么，如何培养和保持积极心态呢？

1. 快乐地学习

学生对学习失去兴趣的现象在高校中并不罕见。这可能与多种因素相关联。当学校更注重结果(即具体目标)而非培养学习的兴趣(这难以量化)时，实际上就在鼓励一种忙碌的生活方式，并在某种程度上抑制了学生的情感发展。"忙碌奔波型"的人认为成果比情感上的满足更为重要，因为成果可以赢得他人的赞许，而情感则可能妨碍成果的取得，因此他们倾向于压抑情感或对其视而不见。然而，情感不仅是实现幸福感的关键，也是追求物质成功的必要条件。美国心理学家戈尔曼指出，心理学界普遍认同，智商(IQ)对于成功的影响仅占20%，其余80%来自其他因素，包括情商(EQ)。"忙碌奔波型"的观点与情商的发展相悖，这使得他们难以既快乐又成功。

当学习任务超出了学生的能力范围时，他们可能会感到焦虑；而当任务过于简单时，他们可能会感到无聊。因此，许多学生要么因为焦虑而无法享受学习过程，要么因为任务过于简单而无法发挥自己的真正潜力。

契克森米哈伊指出，人们在 12 岁时已经能够明确地区分工作和娱乐，这种能力将伴随他们一生。孩子们收到的明确信息是，教育就是学校作业、家庭作业和努力学习。然而，如果将学校作业视为工作，很容易让孩子们产生厌恶感，因为人类普遍不喜欢"工作"。这种厌恶在社会文化中根深蒂固。

为了在工作和学习中找到更多的快乐，我们首先需要改变我们的观念——改变对工作的看法。加拿大心理学家赫布在 1930 年的研究中发现，如果给予学生正确的激励，他们可以在短时间内改变行为，选择在课堂上表现更好。如果我们能学会改变对工作的态度，将其视为一种特权而非责任，我们不仅会感到更加幸福，还能学到更多，表现更佳。

最成功的人是那些终身学习的人。他们不断提问、不断探索这个奇妙的世界。无论你处于人生的哪个阶段(无论是 5 岁还是 115 岁，无论是在人生巅峰还是在艰难奋斗)，你都可以为自己制订一套学习计划。这个计划可以包括个人成长和专业成长两个方面。在每一类学习中，都要寻找快乐和意义(例如，阅读和思考是快乐的)，并学会将学习计划规律化和习惯化。

学习是一种特权，要学会享受学习的快乐和意义。请珍惜每一个学习的机会，不要轻易放弃。

2. 开心地工作

人们对待工作的态度可以分为三种：将其视为任务、将其作为事业、将其视为使命。如果工作仅仅被视为一种必要的赚钱手段，而不包含个人成就的期待，那么人们上班通常是出于责任感，而不是出于愿望；他们最大的期望不过是拿到工资和享受假期。

对于那些将工作视为毕生追求事业的人而言，他们不仅仅着眼于财富的累积，更重视职业道路上的进步与发展，包括晋升、权力和声誉的积累。他们的目光常常聚焦于下一个晋升的契机，例如从副教授晋升为终身教授，从教师岗位跃升至校长之职，或是从编辑助理成长为总编辑等职业飞跃。

相较之下，那些将工作视为使命的人，则会认为工作本身即是目标。他们确实重视薪酬和机会，但他们是出于对工作的热爱而工作，他们的动力来自内心，感到工作充满意义和满足。他们的目标是自我实现，对工作充满热情，并在其中实现自我。对他们来说，工作是一种恩赐，而不是简单的劳作。

我们对待工作的定位，无论是将其视为任务、事业还是使命，都会影响我们在工作和生活中的幸福感。

寻找理想工作通常是一个挑战，可以使用意义(Meaning)、快乐(Pleasure)、优势(Strengths)法，即 MPS 法来帮助我们。可以问自己以下三个问题：什么给我意义？什么给我快乐？我的优势是什么？注意答案的顺序，找出这三个方面的交集，这样找到的工作最有可能带给我们幸福感。

MPS 法也可以帮助我们在其他生活领域做出重要决策。例如，在选择学校课程时，我们可以选择那些既能带来未来意义，又能让我们快乐并发挥我们优势的课程。

除了通过重大改变来改善生活，我们还可以在现有生活中增加我们喜欢、有意义且擅长的事情，或者在现有工作中寻找和挖掘其中的幸福。通常，我们不需要挖掘得很深就能发现这些幸福。

我们对工作的偏见或对其意义的有限理解，往往让我们错过生活的真相，即我们随时都有潜力获得更幸福的生活。以下这个练习的目的是帮助我们发现并找到那些隐藏的宝藏。

请描述一下你的日常活动，并将它们填入之前提到的"生活记录"时间表中。在审视这些活动时，请问自己两个问题：

(1) 你是否有能力调整工作中的某些固定内容，通过引入那些能赋予你意义与快乐的任务，来替代那些无法点燃你热情的职责？

(2) 无论你能否实施改变，都请深思，在你当前的工作中，是否还隐藏着某些尚未发掘的潜在意义与乐趣。

基于这两个问题，我们可以将"工作描述"改写为"使命描述"，重新描述你目前的工作，使其听起来令人向往。这不是要夸大其词，而是要客观地发现并记录下这份工作的潜在意义和快乐。我们看待工作的方式和向他人介绍自己工作的方式，可以极大地影响我们在工作中的体验。

3. 关爱自己和他人

在参与任何活动时，无论是与朋友相聚还是做志愿者工作，最关键的考量应该是它是否能带给你快乐。这个观点可能会让一些人感到不适，他们认为这是自私的——以个人的幸福和私利作为行动的动机。这种不适感源自一种道德责任感。根据康德的观点，如果一个人仅仅因为快乐而去帮助别人，那么他的行为就没有道德价值。康德认为，持续以个人利益为出发点，最终会导致与他人的利益发生冲突；如果我们不与自私的倾向作斗争，则可能会伤害他人，忽视人们的需求。

然而，上述观点没有看到的是，我们不需要在帮助他人和自我帮助之间做出选择。它们是可以并存的。实际上，正如美国哲学家爱默生所说："生活中最好的补偿就是，没有人能够在忽视自己的情况下，真心实意地帮助他人。"自我帮助和帮助他人是相辅相成的，越多地帮助别人，我们就越快乐；我们越快乐，就越愿意去帮助别人。

为他人带来幸福，也就是为自己带来意义和快乐，这就是为什么乐于助人是幸福生活的关键要素。这并不意味着我们要为别人而活。如果我们不关心自己的幸福，我们可能会逐渐伤害自己，同时也伤害了我们帮助他人的意愿。一个不快乐的人，不太可能以善意对待他人，这会导致更多的不快乐。

要记住的是，要想成为一个健康幸福的人，关心自己和关心他人同样重要。

4. 从当下开始

人们常常有一种误解，认为某些特定事物，如书籍、导师、理想伴侣、成功的事迹、奖品或是重大的发现，能永恒地改变他们的幸福感。尽管这些元素确实能在某一时刻为我们带来欢乐与满足，但这份愉悦往往是短暂的，并非持久不变。若我们过分依赖这些外部因素，期待它们能带来终身的幸福，那么我们可能会面临失望的风险。实际上，幸福的生活不是由单一的重大事件或改变带来的。"Happiness"这个单词源自古英语的"hap"，意味着机会或运气，也就是人的遭遇。从这个角度来看，幸福或快乐应该是"所有当下的经历"。

美国存在主义心理治疗大师亚隆在治疗癌症晚期患者时发现，在与死亡的抗争中，许多患者进入了一种更加丰富的境界，他们对生活的认知发生了深刻的变化。他们不再为琐事所困，重新掌握了生活的主动权，不再勉强自己去做不喜欢的事情，而是更加积极地与家人和朋友沟通交流，全身心投入当下的生活，享受每一刻的充实与美好。当人们的注意力从琐碎的假象中移开时，他们对周围环境的感激之心就会产生。患者们常问："为什么我们直到现在，直到得了癌症之后，才学会珍惜和感激生活？"

为了迈向幸福的生活，并激发我们追求幸福这一终极目标的潜能，首要任务是接纳"活在当下"的理念，即聚焦于日常生活中的琐碎细节，以及那些看似平凡无奇的事物。无论是与家人的温馨时光、探索新知的乐趣，还是完成工作任务时的成就感，我们都能在其中发现生活的意义与喜悦。当我们的日常生活中充满了这些令人愉悦的瞬间，幸福自然会与我们相伴相随。

三、幸福智力

1. 幸福智力的定义

幸福智力是一种获取幸福的能力，具体来说，是指个体在遭遇各类对象(涵盖人和事物)或经历特定情境时，所展现出的对幸福的敏锐感知与深刻体验能力。这种能力不仅体现在个体依据内在标准对幸福进行表达与评价上，更涵盖了有意识地寻求有效策略，以实现对幸福的精准调控。

在幸福智力结构基础上，研究者沿袭了现代幸福感测量的主流方法，将幸福智力设计成结构化的问卷测量形式，经过科学的分析和验证，最终形成了实证的幸福智力量表。

【自我测试】幸福智力的测量

2. 幸福智力的提升

怎样才能有效提高幸福智力？目前还极少有这方面的探讨。不过，我们不难从幸福智力的内容中管窥一二。幸福智力的内涵从"操作"层面可以细分为感知与体验、表达、评价和调控四个核心要素。与此同时，操作所涵盖的"内容"亦包括个人生活、个人情感、社会生活以及个人发展等多个维度。因此，为了有效地提升自己的幸福智力，我们必须致力于强化这些"操作"层面的能力，关注"内容"中的积极信息，并且妥善处理好"内容"中的消极信息。

感知与体验操作可以表现为感知、体验生活中满意的各个方面(例如稳定的工作、愉悦的工作环境、和谐的同事关系等)、积极的情感(如快乐、激动、自豪等)，同时，体验自我进步、成长、成就感等。对许多大都市的人来说，每天行色匆匆，生活被忙乱所打断，慢慢感受、细细体验早已变成了一种奢侈。近些年一些专家呼吁"慢"理念正是对这种现状的回应。他们主张"慢吃饭""慢说话""慢走路""慢思考"等，都吸引了不少追随者。因此，个体如能专注于感知和体验，一定会有丰硕的收获。

同理，表达幸福的能力也应受到关注。你表达过吗？你愿意表达吗？你会表达吗？幸福需要表达，例如，说出来、写出来、唱出来，向朋友、同事、家人等倾诉。当你表达幸福时，不幸就会远离你；当你表达不幸时，不幸就会消逝。因此，忙碌的生活中，应该给自己的幸福"表达"留一点时间，留一点空间。值得指出的是，评价与表达的联系非常紧密。表达时常带有评价的影子，而评价又容易受到价值观的影响。因此，为了提升自己的评价水平和评价能力，应该主动吸收社会主流价值观理念，让自己的评价得到多数人认可。

调控是一个涵盖调节与控制两个层面的概念。调节侧重于对幸福的发生、感知、体验、表达和评价等过程施加影响，以实现个体的幸福目标；而控制则是个体根据自身意愿，对幸福感以及与之相关的内外信息进行主动、灵活的监控和管理。两者在实质上相互交织，因此常统一于"调控"这一概念之下，其表现形式包括归因、比较、目标设定等多种方式。从认知加工的角度来看，幸福的感知、体验、表达和评价等过程均受到调控的深刻影响。因此，调控主要指个体认知加工方式的调控，多选择乐观、积极的方式，避免悲观、消极的方式；当然也包括一些外在的行为调控(比如看电影等各种积极的活动)。

【心理百科】提高幸福感的方法

1. 掌控你的时间。感到幸福的人通常认为他们能掌控自己的生活，这很大程度上归功于他们对时间的管理——设定目标，并将它们分解为每日的小目标。尽管我们常高估每天能完成的任务(导致挫败感)，但常低估一年内能完成的工作量。

2. 展现幸福。我们至少可以让自己假装心情愉快。露出微笑能让人感觉更好；皱眉板着脸时，全世界似乎也在怒视自己。因此，给自己一个快乐的微笑，说话时也要表现得自信、乐观和友好。体验这些情绪，就能激发好的心情。

3. 寻找适合的工作和休闲方式，以发挥你的技能。幸福的人通常处于一个称为"沉浸"状态，专注于一个既具挑战性又不会压倒自己的任务。相比园艺、交际或手工制作，最奢侈的休闲方式(如乘游艇)提供的沉浸体验要少得多。

4. 参与运动。众多研究表明，有氧运动不仅有助于健康，也是缓解轻度抑郁和焦虑的有效方法。健全的心灵依附于健康的身体。不要让自己成为一个懒惰、无所事事的人。

5. 确保充足的睡眠。幸福的人过着积极、充满活力的生活，同时也会留时间补充睡眠和享受独处的宁静。很多人受到睡眠不足和随之而来的疲劳、敏感度下降和抑郁情绪的影响。

6. 重视亲密的人际关系。与关心你的人建立亲密的友谊，有助于你渡过困难时期。倾诉对心理和身体都有好处。下决心精心培养最亲密的关系：不要认为他们对你的好是理所当然的，要像对待其他人一样对他们友善；肯定你的伴侣，一起玩耍、分享，用这种深情的表现方式找回你的爱情。

7. 关注自我之外的事物。向需要帮助的人伸出援手。幸福能激发人们的助人行为(那些感觉良好的人会做好事)，但做好事同样也能让人感觉良好。

8. 记录感恩日记。那些每天花时间思考生活中积极方面(如健康、朋友、家庭、自由、教育、感受、自然环境等)的人体验了更多的幸福。

9. 关注你的精神自我。对许多人来说，信念提供了一个支持性的社群，一个超越自我关注的理由，一种意识到生活目的和希望的意识。

10. 享受当下。尽量生活在这样的状态中：将孩子的微笑视为珍宝，在帮助朋友中找到满足感，与好书中的角色一同欢乐。

11. 提升积极情绪。越来越多的证据显示：消极情绪导致沮丧，而积极情绪激励人们前进。幸福的人所做的努力之一就是努力消除消极情绪。

【自我测试】通往幸福的途径

【佳片有约】飞屋环游记(Up(2009))

影片讲述了一个老人卡尔·弗雷德里克森(Carl Fredricksen)的故事。卡尔一生都与妻子艾莉梦想着探险和搬到南美洲的瀑布旁，但生活总是阻止他们实现梦想。在妻子去世后，卡尔决定用气球将他们的家带到他们梦想的地方。在旅途中，他遇到了一个名叫小罗(Russell)的小男孩，小罗加入了他的冒险。

电影中的幸福心理学元素包括：

追求梦想：卡尔通过实现他和妻子的梦想，展示了追求个人目标和梦想对幸福感的重要性。

人与自然的联系：电影强调了与自然环境的联系对精神健康的重要性。

友谊和陪伴：卡尔与小罗之间的关系展示了友谊如何为人们的生活带来幸福和意义。

克服失去：卡尔在电影中展示了如何通过纪念和继续生活来克服失去所爱之人的痛苦。

自我发现和成长：卡尔在旅程中经历了自我发现，学会了接受自己的过去和现在，以及如何让生活继续。

《飞屋环游记》通过一个充满想象力的故事，向观众传达了幸福的多个层面，包括个人成就、人际关系和对未知的探索。

参 考 文 献

[1] 布朗，罗迪格三世，麦克丹尼尔. 认知天性：让学习轻而易举的心理学规律[M]. 邓峰，译. 北京：中信出版集团，2023.

[2] 池谷裕二. 考试脑科学 2[M]. 尤斌斌，译. 北京：人民邮电出版社，2023.

[3] 霍尼. 爱情心理学[M]. 花火，编译. 苏州：古吴轩出版社，2016.

[4] 斯腾伯格 R J，斯腾伯格 K. 爱情心理学[M]. 李朝旭，等译. 北京：世界图书出版公司，2010.

[5] 埃利斯. 理性情绪[M]. 李巍，张丽，译. 北京：机械工业出版社，2014.

[6] 埃利斯. 控制焦虑[M]. 李卫娟，译. 北京：机械工业出版社，2014.

[7] 麦格劳-希尔编写组. 妙趣横生的心理学[M]. 北京：人民邮电出版社，2015.

[8] 郑雪. 积极心理学[M]. 北京：北京师范大学出版社，2020.

[9] 赛利格曼. 认识自己，接纳自己[M]. 任俊，译. 沈阳：万卷出版公司，2010.

[10] 布里特. 了解人类行为的 50 个心理学实验：从巴甫洛夫的狗到罗夏墨迹测验[M]. 曹平平，译. 北京：人民邮电出版社，2020.

[11] 墨菲，大卫夏弗. 心理测验：原理和应用[M]. 6 版. 张娜，杨艳苏，徐爱华，译. 上海：上海社会科学院出版社，2006.

[12] 迪昂. 精准学习[M]. 周加仙，等译. 杭州：浙江教育出版社，2023.

[13] 戴维斯. 巴甫洛夫的狗[M]. 张雨珊，译. 北京：北京联合出版公司，2017.

[14] 斯莱特. 20 世纪最伟大的心理学实验[M]. 郑雅方，译. 北京：北京联合出版公司，2017.

[15] 艾瑞里. 怪诞行为学：可预测的非理性[M]. 赵德亮，夏蓓洁，译. 北京：中信出版社，2010.

[16] 鲍迈斯特，蒂尔尼. 意志力：关于专注、自控与效率的心理学[M]. 丁丹，译. 北京：中信出版社，2012.

[17] 吕澜. 大学心理健康教程[M]. 北京：中国社会科学出版社，2011.

[18] 麦格尼格尔. 自控力[M]. 王岑卉，译. 北京：印刷工业出版社，2013.

[19] 博克，袁. 拖延心理学：向与生俱来的行为顽症宣战[M]. 蒋永强，陆正芳，译. 北京：中国人民大学出版社，2009.

[20] 西武. 自控力：哈佛大学的 7 堂情商课[M]. 哈尔滨：哈尔滨出版社，2018.

[21] 牧之. 最受欢迎的哈佛心理课[M]. 上海：立信会计出版社，2016.

[22] 希伯特. 心理健身房：通过锻炼改善心理健康的 8 个要诀[M]. 张豫，译. 成都：四川人民出版社，2022.

[23] 格林伯格. 化解压力的艺术[M]. 张璇，译. 北京：机械工业出版社，2013.

[24] 王忠军，唐汉瑛. 心理测量和人才测评实验指导手册[M]. 北京：世界图书出版公司，2017.

[25] 梅. 人的自我寻求[M]. 郭本禹，方红，译. 北京：中国人民大学出版社，2008.

[26] 克里希那穆提. 重新认识你自己[M]. 若水，译. 深圳：深圳报业集团出版社，2010.

[27] 沙哈尔. 幸福的方法[M]. 汪冰，刘骏杰，译. 北京：中信出版社，2013.

[28] 塞利格曼. 真实的幸福[M]. 洪兰，译. 沈阳：万卷出版公司，2010.

[29] 左岸. 极简人际关系心理学[M]. 北京：中国商业出版社，2017.

[30] 格里格，津巴多. 心理学与生活[M]. 王垒，等译. 北京：人民邮电出版社，2003.

[31] 弗雷德里克森. 积极情绪的力量[M]. 王珺，译. 北京：中国人民大学出版社，2010.

[32] 卡尼曼. 思考，快与慢[M]. 胡晓姣，李爱民，何梦莹，译. 北京：中信出版社，2012.

[33] 陈玮. 别让情绪失控害了你[M]. 北京：中华工商联合出版社，2017.

[34] 弗雷德里克森. 爱是什么[M]. 萧潇，译. 北京：中信出版集团，2020.

[35] 弗洛姆. 爱的艺术[M]. 李健鸣，译. 上海：上海译文出版社，2008.

[36] 格雷. 男人来自火星，女人来自金星[M]. 白莲，等译. 吉林：吉林文艺出版社，2010.

[37] 陈琦，刘儒德. 当代教育心理学[M]. 3 版. 北京：北京师范大学出版社，2019.

[38] 戈尔曼. 情商：为什么情商比智商更重要[M]. 杨春晓，译. 北京：中信出版社，2010.

[39] 卡什丹，比斯瓦斯-迪纳. 消极情绪的力量[M]. 王索娅，王新宇，译. 杭州：浙江人民出版社，2018.

[40] 麦克米兰. 我的情绪我做主：你每天可做的情绪调节练习[M]. 聂晶，杨寅，译. 北京：中国轻工业出版社，2011.

[41] 博尔顿. 人际关系学：如何保持自我、倾听他人并解决冲突[M]. 徐红，译. 天津：天津社会科学院出版社，2012.

[42] 戈尔曼. 情商 2：影响你一生的社交商[M]. 魏平，等译. 北京：中信出版社，2010.

[43] 卡耐基. 如何赢得朋友及影响他人[M]. 蒋岚，译. 北京：光明日报出版社，2006.

[44] 特克尔. 群体性孤独：为什么我们对科技期待更多，对彼此却不能更亲密[M]. 周逵，刘菁荆，译. 杭州：浙江人民出版社，2014.

[45] 勒庞. 乌合之众：大众心理研究[M]. 冯克利，译. 北京：中央编译出版社，2004.

[46] 美国精神医学学会. 精神障碍诊断与统计手册[M]. 5 版. 张道龙，等译. 北京：北京大学出版社出版，2015.

[47] 贝德尔，布利克，斯坦利. 变态心理学[M]. 袁立壮，译. 北京：机械工业出版社，2013.

[48] 约翰逊. 心理诊断和治疗手册[M]. 卢宁，译. 北京：中国轻工业出版社，2008.

[49] 赵志明. 我亲爱的精神病患者[M]. 北京：中国华侨出版社，2013.

[50] 桑特洛克. 心理调适[M]. 王建中，等译. 北京：机械工业出版社，2015.

[51] 贝洛克. 具身认知：身体如何影响思维和行为[M]. 李盼，译. 北京：机械工业出版社，2016.

[52] 霍克. 改变心理学的四十项研究[M]. 白学军，译. 北京：人民邮电出版社，2010.

[53] 阿达姆松. 解压全书：压力管理[M]. 方蕾，译. 哈尔滨：黑龙江科学技术出版社，2008.

[54] 蒂格，麦肯齐，罗森塔尔，等. 健康与心理[M]. 于坤，译. 北京：中国人民大学出版社，2012.

[56] 彭聃龄. 普通心理学[M]. 北京：北京师范大学出版社，2012.

[57] 拉森，巴斯. 人格心理学：人性的科学探索[M]. 郭永玉，译. 北京：人民邮电出版社，

2011.

[58] 安吉丽思. 活在当下[M]. 黎雅丽，译. 北京：印刷工业出版社，2014.

[59] 奚恺元，王佳艺，陈景秋. 撬动幸福[M]. 北京：中信出版社，2008.

[60] 周国平. 智慧引领幸福[M]. 济南：山东人民出版社，2013.

[61] 艾克曼. 情绪的解析[M]. 杨旭，译. 海南：南海出版公司，2008.

[62] 巴斯. 进化心理学[M]. 熊哲宏，等译. 上海：华东师范大学出版社，2007.

[63] 彼得森. 积极心理学[M]. 徐红，译. 北京：群言出版社，2010.

[64] 伯格. 人格心理学[M]. 陈会昌，等译. 北京：中国轻工业出版社，2010.

[65] 迈尔斯. 社会心理学[M]. 侯玉波，等译. 北京：人民邮电出版社，2016.

[66] 博尔顿. 人际关系学:如何保持自我、倾听他人并解决冲突[M]. 徐红，译. 天津：天津社会科学院出版社，2012.

[67] 傅小兰，张侃. 中国国民心理健康发展报告(2021—2022)[M]. 北京：社会科学文献出版社，2023.

[68] 麦克米兰. 我的情绪我做主：你每天可做的情绪调节练习[M]. 聂晶，杨寅，译. 北京：中国轻工业出版社，2011.

[69] 加德纳. 日常生活心理学[M]. 刘军，等译. 北京：中国人民大学出版社，2008.

[70] 津巴多，约翰逊，韦伯. 普通心理学[M]. 王佳艺，译. 北京：中国人民大学出版社，2010.

[71] 卡尔. 积极心理学：有关幸福和人类优势的科学[M]. 丁丹，等译. 北京：中国轻工业出版社，2013.

[72] 克里 G，克里 M. 心理学与个人成长[M]. 胡佩诚，等译. 北京：中国轻工业出版社，2007.

[73] 米勒，珀尔曼. 亲密关系[M]. 王伟平，译. 北京：人民邮电出版社，2011.

[74] 牧之，苏陌. 哈佛教授讲述的 300 个心理学故事[M]. 上海：立信会计出版社，2011.

[75] 牧之，张震. 心理学与你的生活[M]. 上海：立信会计出版社，2013.

[76] 佩里. 拖拉一点也无妨：跟斯坦福萌教授学高效拖延术[M]. 苏西，译. 杭州：浙江大学出版社，2013.

[77] 施塔，卡拉特. 情绪心理学[M]. 周仁来，等译. 北京：中国轻工业出版社，2015.

[78] 斯奈德，洛佩斯. 积极心理学：探索人类优势的科学与实践[M]. 王彦，等译. 北京：人民邮电出版社，2013.